Die Industrie

der

Stärke und der Stärkefabrikate

in den

Vereinigten Staaten von Amerika

und ihr

Einfluss auf den englischen Markt.

Von

Dr. O. Saare,

Vorsteher der Versuchsstation des Vereins der Stärke-Interessenten in Deutschland.

Mit 8 Textfiguren.

Springer-Verlag Berlin Heidelberg GmbH 1896

ISBN 978-3-662-32381-6

ISBN 978-3-662-33208-5 (eBook)

DOI 10.1007/978-3-662-33208-5

Inhaltsverzeichniss.

Veranlasst durch den andauernden Rückgang der deutschen Ausfuhr von Stärke und Stärkefabrikaten nach Grossbritannien und das damit Schritt haltende Anwachsen der Einfuhr amerikanischer Stärkefabrikate in England beschloss der Verein der Stärke-Interessenten in Deutschland die Ursachen dieses Wandels in den Absatzverhältnissen der beiden Länder zu ergründen und betraute mich mit dem ehrenden Auftrage, eine Reise in die Vereinigten Staaten von Amerika und nach England zu unternehmen

„zum Studium der technischen Verhältnisse der ameri-
„kanischen Stärke- und Stärkezuckerfabrikation, der
„Organisation des amerikanischen Stärkemarktes und der
„Absatzverhältnisse des englischen Marktes."

Der Herr Minister für Landwirthschaft, Domänen und Forsten, Excellenz von Heyden, unterstützte dieses Unternehmen bereitwilligst durch Bewilligung einer erheblichen Beihülfe zur Deckung der aus der Reise erwachsenden Kosten.

Im Folgenden sei es mir gestattet, zunächst einen kurzen Abriss über den Verlauf der Reise zu geben.

Die Reise.

Am 23. August 1894 trat ich mit dem Schnelldampfer „Fürst Bismarck" von Hamburg aus die Reise an. Gleichzeitig mit mir schiffte sich Herr Ingenieur W. Angele aus Berlin ebenfalls zum Zweck einer Informationsreise nach Amerika ein. Nach ruhiger und froher Ueberfahrt landeten wir am 31. August früh in New-York. Leider musste ich mich schon hier nach wenigen Tagen wider Erwarten von meinem liebenswürdigen Reisegefährten trennen, da unsere Ziele verschiedene Richtung annahmen. Wir haben uns dann nur noch für einen Tag in Chicago getroffen, sonst blieben unsere Wege getrennt.

Ich nahm meinen Weg alsbald mitten in das Land hinein nach Chicago, dem Mittelpunkt der westlichen Stärkeindustrie. Von hier aus machte ich Abstecher nach Milwaukee. Wis., Davenport. Ja., Des Moines. Ja., Peoria. Ill. und Hammond. Ind.

Dann wandte ich mich wieder ostwärts und erreichte unter Berührung von Louisville. Ky. und Cincinnati. O., Washington und Philadelphia. Pa. Von hier führte mich mein Weg nach Buffalo. N.-Y. und über die Niagara-Fälle nach Oswego. N.-Y. und von dort über Troy. N.-Y. und Albany. N.-Y. zurück nach New-York.

Am 27. Oktober früh verliess ich mit einem kräftigen Hurrah für Deutschland an Bord des Lloyddampfers „Saale" die neue Welt. Nach bewegter Fahrt erreichte ich am 4. November Southampton und London. Hier sowie in Manchester, Liverpool, Bradford und Glasgow zog ich eingehende Erkundigungen über den Handel mit Stärke und Stärkefabrikaten ein und kehrte nach einem Ausfluge nach dem königlichen Edinburgh auf gleichem Wege nach London zurück. Am 18. November traf ich über Vlissingen wieder in Berlin ein.

Zur Zeit meiner Anwesenheit in Amerika waren 19 Fabriken, welche Stärke und Stärkefabrikate (mit Ausnahme von Kartoffelstärke) erzeugen, in Betrieb. Bei 14 derselben habe ich Einlass begehrt, aber nur bei sechs von diesen ist er mir gewährt worden: In Buffalo, Davenport, Hammond, Oswego und in den beiden Syrupfabriken in Peoria. Die übrigen und darunter vor allen die 7 zum Stärke-Ring (Trust) gehörigen Fabriken verweigerten den Eintritt in den Betrieb mit dem bestimmten Bescheide: „Wir erlauben den Eintritt Niemandem unter keinen Umständen", oder „es ist gegen unser Geschäftsprincip, die Fabrik zu zeigen". Die Direktion des Ringes gestattet übrigens, wie ich erfahren habe, selbst keinem seiner Mitglieder, noch dessen Beamten den Eintritt in die Fabrik eines anderen Mitgliedes.

Ich musste mich also mit diesem Resultate zufrieden geben, und ich kann wohl mit Recht sagen, dass ich noch vom Glück begünstigt wurde, wenn ich bedenke, dass mein Reisegefährte, obwohl er mit verschiedenen Firmen in geschäftliche Beziehungen trat, bei seinem ersten Besuch in Amerika in den Betrieb nicht einer der grossen Fabriken eingelassen wurde. Jedoch scheint man nach neueren Mittheilungen jetzt auch dort weniger abgeschlossen zu sein.

Die grössten der deutschen Stärke- und Stärkezuckerfabriken befolgen übrigens das gleiche Princip, wie die Mehrzahl der amerikanischen Betriebe.

Ich bin daher denjenigen Herren, welche diesem Abschliessungsprincipe nicht huldigen, sondern einen Austausch von Kenntnissen und Erfahrungen in der Industrie für deren Gesammtfortschritt für nützlich erachten und diesen über die Einzelinteressen stellen, zu um so grösserem Danke für ihr grosses Entgegenkommen verpflichtet.

Mit besonderer Liebenswürdigkeit hat Herr Dr. Behr mich aufgenommen, indem er mir sowohl den reichen Schatz seiner technischen Kenntnisse als auch sein gastliches Heim öffnete, und Herr Best in Davenport, ferner Herr Carl Ebert in Peoria, Herr Hirsch in Chicago und die Herren Kingsford in Oswego. Ihnen meinen herzlichen Dank für Ihre freundlichen Bemühungen hier aussprechen zu können, gereicht mir zu grosser Freude.

Eine Reihe von eingehenden und in der liebenswürdigsten Weise zur Verfügung gestellten Mittheilungen verdanke ich auch Herrn Dr. Krieger in New-York, welcher zur Zeit in der Stärke-Industrie nicht mehr thätig ist, sich aber eine reiche Erfahrung in den verschiedensten Fabriken in den Vereinigten Staaten erworben hat. Diese hat er auf Veranlassung des Vereins der Stärkeinteressenten in Deutschland auch in einer längeren Abhandlung: „Die Fabrikation der Stärke, des Dextrins, der Glukose und des Traubenzuckers aus Mais in den

Vereinigten Staaten von Nordamerika" der Oeffentlichkeit zugänglich gemacht. Die Abhandlung ist in der auch dem Verein der Stärke-Interessenten als Publikationsorgan zustehenden „Zeitschrift für Spiritusindustrie" im Jahre 1894 in den No. 39, 40, 41, 43 und 44 gerade während meines Aufenthaltes in Amerika veröffentlicht worden[1]).

Die in dieser Abhandlung gebrachten Mittheilungen und Darstellungen der Industrie der Stärke und Stärkefabrikate sind so ausführlich und decken sich in den meisten Fällen so vollkommen mit dem, was ich selber in den Vereinigten Staaten von der betreffenden Industrie gesehen und gehört habe, dass man Krieger's Angaben als Grundlage der Beschreibung der technischen Verhältnisse dieser Industrie in den Vereinigten Staaten ansehen kann. Ich habe daher verschiedentlich zur Vervollständigung des Gesammtbildes der Industrie der Stärke und der Stärkefabrikate aus dieser Quelle geschöpft und muss vielfach bezüglich der Einzelheiten auf dieselbe verweisen.

Ich habe neben dem Besuche der genannten Fabriken ein Hauptaugenmerk auch auf den Vertrieb der Stärke und Stärkefabrikate in Amerika und auf die Verbrauchsarten der genannten Waaren gerichtet, und ich bin daher zu einer Reihe von Kaufleuten, Syrupsmischern, Geleefabrikanten, Zuckerbäckern und Brauern in Beziehung getreten.

Habe ich sonach nur einen kleineren Theil der eigentlichen Betriebe selber gesehen, welche übrigens in Amerika im Grossen und Ganzen wenig Abweichungen in der Einrichtung besitzen sollen, wie mir von kompetenter Seite verschiedentlich bestätigt wurde, so glaube ich doch einen hinreichenden Einblick in das System der Fabrikation, des Vertriebes und des Verbrauches gethan zu haben, um ein den Thatsachen entsprechendes Urtheil über die amerikanische Industrie der Stärke und Stärkefabrikate gewinnen zu können. Auch ist mir in England von genauen Kennern der amerikanischen

---

[1]) Dieselbe kann in Broschürenform von der Geschäftsstelle des Vereins der Spiritusfabrikanten Berlin N., Invalidenstrasse 42, bezogen werden.

Stärke-Industrie die Richtigkeit meiner Auffassungen bestätigt worden.

Ich fühle den lebhaften Wunsch an dieser Stelle, da ich nicht alle Namen derjenigen, welche mir auf das Liebenswürdigste begegnet sind, aufnehmen kann, im Allgemeinen hervorzuheben, wie angenehm es berührt, dass der Amerikaner dem Fremden, sobald er ihm empfohlen oder wohl auch nur vorgestellt ist, mit grösster, oft geradezu aufopfernder Liebenswürdigkeit zu seinem Ziele zu helfen versucht, und dass daher der Amerikaner mit Recht darauf stolz sein darf, dass er den Begriff der Gastfreundschaft auf das Weiteste ausdehnt. Die Abweisungen, welche ich vorher erwähnte, thun dieser Empfindung keinen Abbruch, denn sie waren bedingt durch Ansichten, die ich verstehen, wenn auch nicht theilen kann, und erfolgten stets in bedauernder, höflicher Form.

Als treuer Berather bei meinen ersten Schritten im fremden Lande und als allezeit zu jeder Hülfeleistung mit freundlichstem Entgegenkommen bereit hat sich auch Herr B. Remmers in New-York-Brooklyn erwiesen, dem an dieser Stelle meinen herzlichsten Dank aussprechen zu können, ich erfreut bin.

Die Produktionsverhältnisse.

In den Vereinigten Staaten wird Stärke hergestellt aus Mais, Weizen und Kartoffeln. Von einer Verarbeitung von Reis zu Stärke habe ich Mittheilungen nicht erhalten.

Während aber in Deutschland die Kartoffel das durchaus überwiegende Rohmaterial der Stärkefabrikation bildet, tritt dieselbe in Amerika als solches weit zurück. Hier bildet der Mais das ausschlaggebende Rohprodukt. Gegen die vorwiegend producirte Stärkeart ist in beiden Ländern die Produktion an Weizenstärke als eine eng begrenzte zu bezeichnen.

Die Betriebsverhältnisse sind in beiden Ländern durchaus verschiedene. Deutschland besitzt etwa 800 Betriebe, welche Stärke und Stärkefabrikate erzeugen, von denen etwa 650 landwirthschaftliche und 150 industrielle Anlagen sind. Nimmt man von ersteren etwa 100 Betriebe als Trockenstärke herstellende an, so sind Fabriken, welche trockne Stärke oder Stärkefabrikate herstellen, in Deutschland etwa 250 vorhanden. Bei der Berechnung der gesammten Produktion fallen dann die etwa 550 Nassstärkefabriken aus, weil die von ihnen producirte Stärke lediglich als Rohmaterial für die Stärkezucker- und Syrupfabriken, zum Theil auch die Dextrinfabriken dient und in deren Produktion als Kartoffelmehl, Stärkezucker und Syrup bezw. Dextrin wieder erscheint.

In den Vereinigten Staaten dagegen sind im Ganzen höchstens 100 Betriebe vorhanden, welche Stärke und Stärkefabrikate produciren. Von diesen verarbeiten rund 35 Fabriken Mais (bezw. Weizen)[1]. Der Rest entfällt auf Kartoffelstärkefabriken, welche jedoch Betriebe von so geringer Grösse darstellen (ihre Gesammtproduktion beträgt höchstens nur 180 000 Sack im Jahr), dass ihre Anzahl nicht als maassgebend angesehen werden kann.

Die Produktion vertheilt sich in den beiden Ländern etwa wie folgt:

Doppelcentner	Deutschland	Nord-Amerika
Kartoffelstärke	2 000 000—3 000 000	120 000 — 180 000
Maisstärke	25 000— 50 000	2 000 000[2]—3 000 000
Weizenstärke	50 000 — 100 000	150 000 — 200 000
Reisstärke	200 000— 250 000	— —
	2 275 000—3 400 000	2 270 000 —3 380 000
Stärkezucker und Syrup	350 000— 400 000	2 500 000[3]—3 000 000
Stärkezucker-Couleur	30 000— 40 000	? — ?
Dextrin etc.	150 000— 180 000	20 000 — 50 000
Insgesammt =	2 805 000—4 020 000	4 790 000 —6 430 000

[1] Zur Zeit meiner Anwesenheit in Amerika waren hiervon nur 19 in Betrieb.

[2] Krieger schätzt nur 200 Mill. Pfund = 1 Mill. D.Ctr. (rund).

[3] - - - 12 Mill. bushel, je 30 Pfund = 1,7 Mill. D.Ctr.

Hiernach ist die Gesammt-Produktion von Stärke aller Art in Deutschland und Nordamerika fast gleich gross. Ebenso ist die Menge der in Deutschland producirten Kartoffelstärke fast gleich derjenigen in Amerika erzeugter Maisstärke. Gegen diese Hauptstärkearten treten die anderen in beiden Ländern ganz zurück.

Die Produktion von Stärke-Zucker und -Syrup in den Vereinigten Staaten überwiegt dagegen die deutsche um das 7 bis 8 fache.

Die Dextrinproduktion in Deutschland ist hingegen wiederum etwa 3 bis 4 mal so hoch als die der Vereinigten Staaten. Das Verhältniss der Gesammtproduktion stellt sich zwischen Deutschland und den Vereinigten Staaten im Mittel wie 4 : 7.

Der Handelsverkehr
mit Stärke und Stärkefabrikaten zwischen Deutschland, den Vereinigten Staaten von Amerika und Grossbritannien.

I. Der Handel mit Stärke.

Der Verkehr des deutschen Zollgebietes in Stärke gestaltete sich wie folgt: Es betrug in D.Ctr. = 100 kg die

Einfuhr

	Kartoffelstärke und -mehl	Andere Stärkearten	Insgesammt
1885/89[1])	—	—	9500
1890	696	5909	6605
1891	622	5831	6453
1892	1200	7939	9139
1893	743	8770	9513
1894	378	7937	8315

---

[1]) Durchschnitt der 5 Jahre 1885—1889.

Ausfuhr

	Kartoffelmehl und -stärke	Andere Stärkearten	Insgesammt
1885/89	401 000	18 000	419 000
1890	514 000	8 500	599 000
1891	148 000	11 000	159 000
1892	128 500	33 500	162 000
1893	305 000	47 000	352 000
1894	370 000	49 000	419 000

Der Verkehr der Vereinigten Staaten von Amerika in Stärke gestaltete sich wie folgt: Es betrug in D.Ctr. $= 100$ kg die

	Einfuhr[1] an Stärke	Ausfuhr[2] an Stärke
1885/89	—	31 000
1890	5 500	42 000
1891	17 000	59 000
1892	9 000	91 000
1893	17 000	99 000
1894	11 600	104 000

Aus diesen Zahlen ersieht man, dass Deutschlands Einfuhr an Stärke aller Art eine ziemlich gleichmässige in allen 10 Jahren geblieben ist und nur zu einem ganz geringen Theil in Kartoffelstärke und -Mehl besteht. Amerikas Einfuhr schwankt dagegen und beträgt bisweilen das Doppelte der deutschen Einfuhr, doch stellen auch diese Zahlen erhebliche Werthe nicht vor.

Die Ausfuhr Deutschlands an Stärke aller Art war sehr grossen Schwankungen unterworfen. Sie ist in den Jahren 1891 und 1892 bis unter $^1/_3$ der früheren Ausfuhr gesunken,

---

[1] Imported Merchandise entered for Consumption in the United States during the years 1890—1893 (prepared in the Bureau of Statistics, Treasury Departement, for the Committee of Ways and Means of the House of Representatives), Washington, Government Printing office 1893.

[2] The Foreign Commerce and Navigation of the United States 1893. Washington 1894. S. LIX.

hat sich dann aber bis auf die frühere Höhe gehoben. Sie besteht zu dem bei weitem grössten Theil aus Kartoffelstärke und -Mehl. Die letztere hat den Ausschlag zu dem starken Rückgange in den Jahren 1891 und 1892 gegeben, denn die Ausfuhr von anderer Stärke (in den letzten Jahren der Hauptmenge nach Reisstärke) hat sich stark erweitert, während die Kartoffelstärke erst etwa $2/_3$ ihrer früheren Ausfuhrziffer wieder erreicht hat. Die deutsche Ausfuhr an Stärke beträgt zur Zeit das 4fache derjenigen der Vereinigten Staaten. Die letztere ist aber ständig angewachsen und hat das 3fache der früheren Jahre bereits überschritten.

Betrachten wir nun den Verkehr von Deutschland und Amerika mit Grossbritannien, so geben uns die folgenden Zahlen darüber Aufschluss: Es wurden ausgeführt nach Grossbritannien D. Ctr. = 100 kg:

	Aus Deutschland		Aus Amerika	
	Kartoffelstärke	% der Gesammt-ausfuhr	Stärke	% der Gesammt-ausfuhr
1885/89	190 000[1])	47	4 500	15
1890	249 500	49	10 000	24
1891	67 500	46	36 000	61
1892	67 500	52	59 000	65
1893	125 000	41	66 000	66
1894	159 500	43	—	—

Es ergiebt sich aus diesen Zahlen, dass Deutschland fast die Hälfte seiner Ausfuhr an Kartoffelstärke und -Mehl nach England sendet, und dass dieses Verhältniss erst in den letzten Jahren sich um Einiges vermindert hat, indem Deutschland offenbar auch andere Länder sich zu erschliessen beginnt.

Der Export an Stärke aus Amerika nach England dagegen steigt ständig und fast gleich stark wie die Gesammtausfuhr

---

[1]) Dies ist nur die runde Zahl von 1889, da das Mittel nicht genau festzustellen war, denn vor 1889 lag Hamburg, ein Hauptmarkt für England, noch ausserhalb der Zollgrenze.

aus Amerika an Stärke, sodass Amerika in England fortschreitend neue Absatzgebiete gewinnt, wenn auch seine Ausfuhr nach England gegen die Höhe der unsrigen noch um etwa die Hälfte zurückbleibt.

Dass Deutschland sich die alten Gebiete ausserhalb Englands wieder aufsucht bezw. neue erschliesst, und dass Amerika seine Ausfuhr lediglich nach England hin steigert, tritt noch deutlicher als aus den Prozentzahlen der Gesammtausfuhr hervor, wenn man die Ausfuhren nach England von der Gesammtausfuhr Deutschlands und der Vereinigten Staaten abzieht, also die Ausfuhren nach anderen Ländern als England zusammenstellt; dann ergiebt sich:

Es führten aus nach anderen Ländern als England in D. Ctr. = 100 kg.

	Deutschland	die Vereinigten Staaten
1885/89	211 000	26 500
1890	264 500	32 000
1891	80 500	23 000
1892	61 000	32 000
1893	180 000	33 000
1894	210 500	—

Eine Einfuhr von Stärke nach Deutschland kann erheblichen Umfang nicht erreichen wegen der grossen Eigenproduktion an Stärke, deren billigem Preise und dem hohen Zoll von 12,50 M. für 100 kg. Dagegen hat Amerika nach dem neuen Tarif vom August 1894 den Zoll auf Stärke von 2 cts. für 1 Pfund oder von 18,50 M. für 100 kg auf $1^1/_2$ cts. bzw. 13,86 M. herabgesetzt, und erbietet dadurch bei dem Mangel an guter Kartoffelstärke in Amerika und dem hohen Preise der inländischen Kartoffelstärke ($3^1/_4 - 3^3/_4$ cts. für 1 Pfund oder 30,0 bis 34,6 M. für 100 kg im Februar 1895) die Möglichkeit einer erhöhten Einfuhr deutscher Kartoffelstärke. Ich habe die Berechnung, wie folgt, angestellt, indem ich den Höchstpreis für Kartoffelstärke annehme, da dass deutsche Fabrikat stets einen höheren Preis erzielt als das inländische.

Preis für 100 kg Kartoffelstärke in Amerika 34,60 M.

Eingangszoll 14,00

Fracht und Assekuranz . . . .　1,80

Kommission etc. 2% vom Werth　0,70

M. 16,50　　16,50

bleiben M. 18,10

für 100 kg Stärke. Im Februar 1895 notirte Hamburg 16,75 bis 17,25 M., zur Zeit aber nur 14,25—14,50 M.

Die Ausfuhr an Kartoffelstärke und -Mehl nach den Vereinigten Staaten aus Deutschland betrug in D.Ctr. = 100 kg.

1890 =　9500
1891 =　4000
1892 =　6500
1893 =　7000
1894 = 11000

Es scheint nicht ausgeschlossen, dass die im Jahre 1894 eingetretene Steigerung der Ausfuhr nach Amerika auf die Zollermässigung zurückzuführen ist.

2. Handel mit Dextrin.

Der Verkehr des Deutschen Zollverbandes mit Dextrin war der folgende: Es betrug in D.Ctr. = 100 kg die

	Einfuhr	Ausfuhr
1885/89	2100	72 500
1890	1289	94 500
1891	2041	60 000
1892	2648	43 600
1893	3124	73 700
1894	2643	73 600

Die Einfuhr an Dextrin nach Deutschland ist eine ganz verschwindende, namentlich auch gegenüber der Ausfuhr, sodass man sie ausser Betracht lassen kann. Es hindert sie der hohe Zoll von 12,50 M. für 100 kg. Die Dextrin-Ausfuhr zeigt ebenfalls wieder einen starken Rückgang in den Jahren 1891 und 1892 und ein Wiederanwachsen. Der Ausfall in jenen Jahren beträgt aber kaum die Hälfte der früheren Ausfuhr, und diese hat die frühere mittlere Höhe voll wieder erreicht.

Es ist nun interessant festzustellen, welchen Antheil Grossbritannien und Amerika als Abnehmer bei der Ausfuhr von Dextrin aus Deutschland haben. Aus dem Deutschen Zollverbande wurden ausgeführt in D. Ctr. = 100 kg.

	nach Grossbritannien	nach den Ver.-Staaten	n. Grossbrit. u. d. Ver.-Staaten	nach anderen Ländern
1889	23 000	26 000	49 000	23 500
1890	30 500	26 500	57 000	37 500
1891	21 500	14 500	36 000	24 000
1892	12 500	10 500	23 000	20 600
1893	29 500	18 000	47 500	26 200
1894	32 000	16 000	48 000	25 600

Es sind hiernach England und die Vereinigten Staaten stets unsere Hauptabnehmer in Dextrin gewesen, und der Export dahin nähert sich jetzt wieder stark selbst der höchsten erreichten Ziffer (1890); während aber der Import nach Grossbritannien im Anwachsen seit 1892 ist und selbst die höchste früher erreichte Zahl überschritten hat, ist er nach Amerika schwankend, jedenfalls aber hinter der früheren Höhe noch in starkem Rückstande.

Eine Ausfuhr von Dextrin aus Amerika ist entweder nicht vorhanden oder so geringfügig, dass sie nicht besonders erwähnt wird, da Amerika bei Weitem noch nicht im Stande ist, seinen Bedarf an Dextrin selbst zu decken, doch scheint es, als wenn es diesem Ziele mehr und mehr entgegensteuert, denn die Einfuhr Amerikas an Dextrin betrug in D. Ctr. = 100 kg

	D. Ctr. = 100 kg	Davon aus Deutschland
1890	42 000	63%
1891	27 000	54%
1892	15 000	70%
1893	21 000	86%

Es hat also die Dextrineinfuhr nach Amerika überhaupt abgenommen, dagegen der Antheil Deutschlands an der Einfuhr sich gesteigert.

Es erscheint nun aber Deutschland nach Amerika noch importkräftiger in Dextrin zu sein, als in Stärke, wie folgende Rechnung ergiebt;

Deutsches Dextrin galt im Februar 1895 in Amerika 1 Pfund = $4\frac{1}{2}$—5 cts. oder

100 kg Dextrin . . . . M. 41,5 — 46,2

Zoll ($1\frac{1}{2}$ cts. pro 1 Pfund) M. 14,00

Fracht, Assekuranz . . . - 1,80

Kommission etc. . . . . . - 0,80

16,60   16,6   16,6

bleiben für 100 kg Dextrin M. 24.9 — 29,6

Zu der gleichen Zeit notirte Dextrin in Hamburg 23 bis 23,50 M., gegenwärtig aber nur 20,25—20,75 M.

Der von dem Maispreise abhängige Preis des amerikanischen Maisdextrins spielt hierbei keine so gewichtige Rolle, weil Kartoffeldextrin in Amerika nicht hergestellt wird, und das Maisdextrin das Kartoffeldextrin nicht bei allen Verwendungsarten ersetzen kann. Eingeführtes Kartoffeldextrin hat bei einem Preise des einheimischen Maisdextrins von $3\frac{1}{2}$—4 cts. für 1 Pfund einen solchen von $5\frac{1}{4}$—6 cts. und wird ganz nach der Qualität bezahlt.

3. Handel mit Stärkezucker und -Syrup.

Der Verkehr des deutschen Zollgebietes in Stärkezucker und -Syrup war der folgende: Es betrug in D.Ctr. = 100 kg die

	Einfuhr	Ausfuhr	Davon Syrup
1885	170	249 000	—
1886	420	241 000	—
1887	370	268 500	—
1888	190	212 000	—
1889	195	139 500	50%

	Einfuhr	Ausfuhr	Davon Syrup
1890	450	197 000	54 %
1891	150	60 500	56 %
1892	350	22 000	60 %
1893	70	42 000	50 %
1894	100	57 500	61 %

Die Einfuhr von Stärkezucker und -Syrup ist eine verschwindende. Der Eingangszoll von 36 M. auf 100 kg schützt die deutsche Industrie vor der ausländischen Konkurrenz im eigenen Lande.

Dagegen ist die Ausfuhr früher eine erhebliche gewesen, dann aber im Jahre 1889 etwas zurückgegangen, 1890 noch einmal angestiegen, um dann jäh in den Jahren 1891 und 1892 bis auf $^1/_{10}$ der früheren Ausfuhr zu fallen. Sie hebt sich in den letzten beiden Jahren ein wenig, hat aber bisher nur etwa $^1/_4$ der früheren Höhe erreicht.

Es muss sich übrigens der Konsum im Lande vermehrt haben, da die Produktion in den letzten Jahren (ausser 1891/2) sich nicht wesentlich geändert hat.

Dagegen gestalten sich die Verkehrsverhältnisse der Vereinigten Staaten mit Stärkezucker und -Syrup wie folgt: Es betrug in D. Ctr. = 100 kg. Die

	Einfuhr	Ausfuhr
1885	—	9 000
1886	—	11 000
1887	—	20 000
1888	—	29 000
1889	—	142 000
1890	5500	173 000
1891	2500	264 000
1892	1400	438 000
1893	900	460 500
1894	990	567 000

Die an und für sich geringe Einfuhr in Amerika verschwindet fast ganz, obwohl der Eingangszoll von $^3/_4$ auf $^1/_2$ ct. für 1 Pfund herabgesetzt ist. Dahingegen steigt die

Ausfuhr von kleinen Anfängen im Jahre 1885 zu einer die deutsche Ausfuhr der günstigsten Jahre um über das Doppelte übersteigenden Höhe. Es ist dabei besonders auffällig der Sprung in den Jahren 1888 zu 1889 um die fast 5 fache Höhe der Ausfuhr. Dieselbe erklärt sich aber vielleicht dadurch, dass gerade im Jahre 1888 der Syrup-Trust in Amerika seine Macht zu entfalten scheint, denn in dasselbe Jahr fällt der Zusammenbruch einer ganzen Reihe kleiner Fabriken, welche ihm jedenfalls zum Opfer gefallen sind. Plötzlich wirft der neugefestigte Ring ganz bedeutende Mengen Stärkezucker und -Syrup auf den Auslandsmarkt und erschüttert und verdrängt, begünstigt durch die hohen Preise der Jahre 1891 und 1892 für Stärke und Stärkefabrikate in Deutschland, dessen Fabrikate.

Wirft man nun einen Blick auf den Weg, den der stürmische Eroberer nimmt, und das Schlachtfeld, auf dem die amerikanische und die deutsche Industrie des Stärkezuckers kämpften, so gewähren hierfür die folgenden Zahlen einen Einblick:

Es wurden ausgeführt aus

	Deutschland		den Vereinigten Staaten	
	nach Grossbritannien	nach anderen Ländern	nach Grossbritannien	nach anderen Ländern
1885[1])	—	—	8 000	1 000
1886	—	—	10 000	1 000
1887	—	—	19 000	1 000
1888	—	—	19 000	10 000
1889	116 000	23 500	139 000	3 000
1890	170 500	26 500	167 000	6 000
1891	49 500	11 000	261 000	3 000
1892	16 500	5 500	421 000	17 000
1893	30 000	12 000	440 000	20 500
1894	47 000	10 500	—	—

---

[1]) Die Zahlen für 1885—88 sind nicht sicher festzustellen, weil der Zollanschluss Hamburgs noch nicht erfolgt war.

Aus dieser Zusammenstellung ergiebt sich, dass England für Deutschland der Hauptabnehmer in Stärkezucker und Stärkesyrup ist, für Nordamerika fast der alleinige, und dass England die Wahlstatt ist, auf welcher der amerikanische Syrup den deutschen völlig besiegt hat. Auch beginnt er langsam in andere Länder vorzudringen.

Betrachtet man nun die **Gesammt-Einfuhr Englands**[1]) und vergleicht damit die **Summen der deutschen und amerikanischen Einfuhr**, so ergiebt sich in D. Ctr. = 100 kg.

	Gesammt-einfuhr	aus Deutsch-land und Amerika	aus anderen Ländern
1885	233 500	—	—
1886	255 000	—	—
1887	272 500	—	—
1888	244 000	—	—
1889	369 000	255 000	114 000
1890	374 000	337 500	36 500
1891	359 000	310 500	48 500
1892	466 000	437 500	28 500
1893	627 000	470 000	157 000
1894	539 500	—	—

Hieraus ergiebt sich, dass die Einfuhr in England fortdauernd steigt und fast das Dreifache derjenigen vor 10 Jahren erreicht hat, und dass Deutschland und Amerika sie zum überwiegendsten Theil deckten, dass jedoch zeitweilig aber auch von anderer Seite (Holland?) in England etwas grössere Posten eingeführt worden sein müssen.

Dass aber nicht nur ein die Preise drückender, mit grossen Mitteln unter Hochhaltung des Inlandspreises arbeitender und zur Eroberung des Marktes in England um jeden Preis bereiter Feind durch seine eigene Kraft die deutsche Waare vom englischen Markt verdrängte, sondern dass derselbe auch

---

[1]) Für Stärke und Dextrin sind Zahlen in der englischen Statistik leider nicht auffindbar gewesen.

durch andere Umstände — nämlich eine ungewöhnlich niedrige Kartoffelernte in dem Jahre 1891 und durch daraus sich bildende unnatürlich hohe Preise für Kartoffelstärke und Kartoffelfabrikate — in seinem siegreichen Vordringen sehr wesentlich unterstützt wurde, beweisen die nachfolgenden Zahlen:

Die Kartoffelernte in Deutschland betrug in Millionen Doppelcentnern (100 kg).

1885	280	1890	233
1886	251	1891	**186**
1887	253	1892	280
1888	219	1893	322
1889	266	1894	290

Es wurden an der Berliner Börse notirt für Stärkezucker pro 100 kg[1]):

	I. Quartal M.	II. Quartal M.	III. Quartal M.	IV. Quartal M.
1886:	20,00—19,50	19,50—20,50	20,00—19,75 / 20,50	19,75—20,00 / 19,50
1887:	19,50—18,50	18,50—19,70	19,50—21,00	21,00—23,50 / 24,00
1888:	23,75—24,50	23,75—25,50	24,50—24,00 / 24,50	24,50—29,00 / 28,00
1889:	28,00—27,75	27,75—26,00	25,00—21,50	19,50—17,50 / 18,50
1890:	18,50—19,50 / 18,75	18,50—19,25	19,00—23,00 / 25,75	23,00—23,50
1891:	27,50—29,50 / 31,50	30,50—31,50 / 31,00	30,50—30,25 / 31,00	**30,50—35,00 / 46,00**
1892:	**43,00—41,00 / 38,50—40,00**	**38,50—40,00**	**38,50—37,75 / 38,00**	25,50—23,00 / 23,50
1893:	23,00—23,50 / 24,50	23,50—24,00	23,00—24,00	20,75—18,50 / 17,25
1894:	17,25—18,25	17,50—18,75	17,50—18,50 / 19,00—20,00	19,00—20,00 / 20,75

---

[1]) S. Zeitschrift für Spiritus-Industrie 1894. S. 178.

Dagegen wurde der Werth eines Doppel-Centners Stärkezucker in den Vereinigten Staaten angenommen:

1885/86	mit	5,80 Dollars	= 26,25 M.
1886/87	-	5,16	-	= 21,93 -
1887/88	-	5,76	-	= 24,48 -
1888/89	-	5,27	-	= 22,40 -
1889/90	-	4,93	-	= 20,95 -
1890/91	-	5,29	-	= 22,48 -
1891/92	-	5,19	-	= 22,02 -
1892/93	-	4,78	-	= 20,32 -

d. h. die Preise in Amerika waren, einige Sprünge abgerechnet, im Wesentlichen fortdauernd fallende, während die deutschen auffällig hin und her schwankten.

Dieselben Verhältnisse gelten natürlich im Wesentlichen auch für Stärke und Dextrin, deren Preise gewöhnlich in einem bestimmten Verhältnisse zu denen des Stärkezuckers stehen.

4. Handel mit Zuckercouleur.

Ein kurzer Blick ist noch auf die Ausfuhr von Zuckercouleur und Zuckerfarben aus dem Zollgebiete des deutschen Reiches zu werfen, deren Hauptmenge jedenfalls aus Stärkezucker-Couleur besteht.

Es wurden aus dem deutschen Zollgebiete ausgeführt an Zuckercouleur und Zuckerfarben in D. Ctr. = 100 kg.

	Ins-gesammt	nach Grossbritannien	nach Amerika
1889	11 297	5831	783
1890	12 328	6789	986
1891	12 532	7695	701
1892	11 203	6577	678
1893	12 665	7735	181
1894	13 782	9781	175

Die gesammte Ausfuhr an Zuckercouleur ist also eine ziemlich gleichbleibende, unser Hauptabnehmer ist England, dessen Bezüge sich von $\frac{1}{2}$ bis auf etwa $\frac{2}{3}$ der Gesammtausfuhr langsam gesteigert haben, während der an und für sich geringe Export nach Amerika fast ganz aufhört.

Es beweist nun dieser Ueberblick über die Handelsbeziehungen zwischen Deutschland, den Vereinigten Staaten und Grossbritannien, dass ein Hauptgrund für den jähen Rückgang der deutschen Ausfuhr an Stärke und Stärkefabrikaten überhaupt, und nach England insbesondere in den Jahren 1891 und 1892 in der unnatürlichen Höhe der Preise für Kartoffelstärke- und Stärkefabrikate in diesen Jahren in Deutschland zu suchen ist, durch welchen die sich in gleicher Zeit durch engen Zusammenschluss festigende und an Macht gewinnende amerikanische Industrie in den Stand gesetzt wurde, die deutsche auf dem englischen Markte in Stärke heftig zu bekämpfen, in Stärkezucker und Syrup fast zu besiegen.

Im Folgenden soll nun betrachtet werden, ob diese Ursache allein die ausschlaggebende war, oder ob auch Amerika in technischer Beziehung Deutschland in der Stärkeindustrie überflügelt hatte und ob, wie es nach dem Verhältniss der Gesammt-Einfuhren in England zu den Exporten aus Deutschland und Amerika nach England hervorgeht, (s. S. 16) noch andere Konkurrenten uns das englische Absatzgebiet streitig machen.

Die allgemeinen Verhältnisse der nordamerikanischen Industrie der Stärke und Stärkefabrikate.

Zu der Zeit meiner Anwesenheit in den Vereinigten Staaten von Nordamerika waren die folgenden 19 Fabriken für Stärke und Stärkefabrikate (mit Ausschluss der Kartoffelstärkefabriken) in Betrieb und wurden geschätzt auf die beifolgende Höhe der täglichen Produktion an Stärke bezw. Stärkefabrikaten in Doppelcentnern (= 100 kg):

	Stärke	Stärkepräparate
1. Buffalo, N. Y. (Niagara Starch Co.)	400	—
2. Chicago, Ill. (Sugar Refining Co.)	800	3 000
3. *Cincinnati, O. (A. Erckenbrecher Co.) . . .	350	—

	Stärke	Stärke-präparate
4. *Cincinnati, O. (G. Fox Co.).	350	—
5. Columbus, Ind. (American Starch Co.) . . .	450	—
6. Davenport, Ja. (Syrup Refining Co.)	—	1 050
7. *Des Moines, Ja. (form. Gilbert)	450	—
8. *Elkhart, Ind. (Muzzy Starch Co.)	300	—
9. Geneva, Ill. (Chas. Pope Glucose Co.) . . .	—	1 800
10. *Glen Cove L. I.; N. Y. (Duryea)	750	1 050
11. Hammond, Ind. (Western Starch Association)	450	—
12. *Indianopolis, Ind. (Piel & Co.)	400	—
13. *Marshalltown, Ill. (Firmenich)	300	1 200
14. Nebraska City	100	—
15. Oswego, N. Y. (T. Kingsford & Son)	450	—
16. Peoria, Ill. (American Glucose Co.)	—	2 400
17. Peoria, Ill. (Grape Sugar Co.)	—	1 500
18. Sioux City, Ja. (Starch Co.)	450	—
19. Philadelphia, Pa. (Wm. Barnett, Wheat Starch)	?	—
	6 000	12 000

Nimmt man die Zahl der Arbeitstage im Jahre zu 250 an, so ergiebt sich aus den genannten Zahlen eine jährliche Produktion von rund 1 500 000 D.Ctr. Stärke und 3 000 000 D.Ctr. Stärkefabrikate. Der Ausfall an Stärke bei dieser Berechnung gegenüber der früheren Aufstellung (s. S. 6) erklärt sich wohl daraus, dass in Folge der sehr hohen Maispreise im Beginn des Herbstes eine Reihe von Stärkefabriken den Betrieb nicht eröffneten, wenn sie nicht Abschlüsse auf Mais zu den früheren billigen Preisen besassen. Es enthält z. B. die Aufstellung nur 7 Fabriken des Stärke-Ringes oder Trust's, während derselbe etwa 21 Fabriken umfasst. Es gehören zu ihm z. B. noch die folgenden Fabriken:

> Atlantic, Ja (Starch Co.),
> Columbus, Ohio (Jul. I. Wood),
> Danville, Ill. (Voorhees) (klein),
> Franklin, Ind. (Indiana Starch Co.),
> Franklin, Ind. (Thompson-White),

---

* Zum Stärke-Ring (Trust) gehörig.

Edinburgh, Ind. (Cutsinger) (klein),
Elkhart, Ind. (Excelsior Starch Co.),
Madison, Ind. (Clement),
Madison, Ind. (R. Johnson),
Ottumwa, Ja. (Starch Co.),
Topeka, Kans. (Starch Co.) (klein).

Von nicht zum Ring gehörigen Fabriken standen ausser Betrieb

Venice, Ill. (Chas. Pope)

und Waukegan, Ill. (Sugar Refining Co.).

Zur American Glucose Co., Peoria gehören auch Jowa City, Ja; Kansas City, Mo.; Leavenworth, Kans. und Tippecanoe, O., welche aber nach meiner Kenntniss schon seit 1889 ausser Betrieb sind.

Die grosse Fabrik der American Glucose Co. in Buffalo, N. Y., mit etwa 3000 D.Ctr. täglicher Produktion war im Anfang des Jahres 1894 niedergebrannt, und ich sah von ihr nur noch die wohlaufgeschichteten Reste der vom Brande nicht völlig zerstörten Eisentheile. Es war dafür der Betrieb in Peoria vergrössert. Ein Wiederaufbau in doppelter Grösse ausserhalb Buffalos sollte geplant sein.

Es ruhte ferner eine Weizenstärkefabrik in Watertown, Mass.

Im Ganzen sind also 21 Fabriken im Trust, von denen 7 arbeiteten, und 15 Fabriken ausserhalb desselben, von denen 12 zur Zeit meiner Anwesenheit in Betrieb waren.

Aus diesen Angaben geht aufs Deutlichste hervor, dass die amerikanische Stärke- und Stärkezucker-Industrie sich auf wenige Grossbetriebe vertheilt, während die kleineren Betriebe aufgesaugt oder zum Stillstand gebracht werden[1]. Dasselbe spricht sich aus in den Zahlen des Censusberichtes der Vereinigten Staaten von 1890[2]. Nach demselben berichteten von Stärke- und Stärkezuckerfabriken

---

[1] Im Jahre 1888 sind 13 kleinere Fabriken eingegangen. S. Biedermann's Techn. chemisch. Jahrbuch 1888/9 S. 296.

[2] Department of the Interior, Census Office: Abstract of the eleventh

1880 = 146 mit 4311 Angestellten und 11,9 Mill. Dollar Werth
der Produkte,
1890 = 87 mit 4870 Angestellten und 16,7 Mill. Dollar Werth
der Produkte.

Diese Thatsache muss besonders hervorgeben werden, weil sie zur Erklärung mancher Verhältnisse der amerikanischen Stärke-Industrie beiträgt.

Es bestehen in der Industrie der Vereinigten Staaten eine grosse Reihe sogenannter Trust's oder Ringbildungen. Auch die Industrie der Stärke und des Stärkezuckers besass zwei solcher Ringe, den Syrup-Trust und den Stärke-Trust.

Der Syrup-Trust bestand, soviel ich erfahren konnte, nur aus 7 Fabriken und soll sich aufgelöst haben, weil ein Theilnehmer nicht so hoch eingeschätzt wurde, als er verlangte. Da jedoch derartige Vereinigungen in Amerika aussergesetzlich sind, weil sie gegen das dort zu Recht bestehende Prinzip der freien Konkurrenz verstossen, und die Theilnehmer an einem Trust oder Pool[1]) strafbar sind, so ist es nicht ausgeschlossen, dass der Syrup-Ring nur formell sich aufgelöst hat, thatsächlich aber in der Stille oder in anderer Form weiter besteht. Das Mittel, gegen einen Trust gesetzlich vorzugehen, besteht nämlich darin, dass der Staatsanwalt (States attorney) die Entziehung der Charter, d. h. die Auflösung der Vereinigung durchsetzt. Den Folgen eines solchen Resultates entziehen sich aber die Mitglieder eines Trustes häufig, indem sie, sobald gegen sie vorgegangen wird, sich selbst formell trennen, aber sogleich unter gewissen Abänderungen ihrer Organisation sich von Neuem vereinigen, entweder so, dass ihnen das Gesetz nichts anhaben kann, oder bis von Neuem gegen sie eingeschritten wird.

----

census 1890. Washington, governments printing office 1894. (Eine Verpflichtung zur Berichterstattung liegt allerdings nicht vor, die Zahlen sind daher nur relative.)

[1]) Eine andere, abgeschwächte Form des Trust's.

Es besteht dagegen zur Zeit der Stärke-Trust mit der officiellen Bezeichnung: The National Starch Manufacturing Company of Covington, Kentucky U. S. A. und umfasst etwa 21 Fabriken. Er hat seinen officiellen Sitz in Covington in Kentucky, weil in diesem Staate die Trust-Gesetzgebung eine mildere ist, als in anderen, und er im Falle eines Angriffes dieser untersteht. Dieselbe macht die Aktionäre nur mit ihrem Antheil, nicht aber für die ganzen Schulden der Gesellschaft haftbar. Eine Stärkefabrik ist in Covington nicht, wohl aber sind zwei zum Trust gehörige in Cincinnati, Ohio, gelegen, welches von Covington nur durch den Ohiofluss getrennt ist. Der Form halber tagt die Vereinigung einmal im Jahre in Covington, im Uebrigen ist ihr Sitz und ihre Hauptleitung in New York.

Das Wesen eines Trust's beschreibt Cook[1]) mit folgenden Worten:

„Der Trust ist eine Vereinigung vieler konkurrirender Betriebe unter einer Verwaltung, welche dadurch die Produktionskosten reducirt, die Produktionsmenge regelt und die Verkaufspreise erhöht. Er ist entweder ein Monopol oder ein Versuch, ein Monopol zu gewinnen. Sein Zweck ist, grössere Profite durch Verminderung der Kosten, Einschränkung der Produktion und Erhöhung der Preise für den Konsumenten zu erzielen. Dies erreicht er, indem er die Konkurrenten vor die Wahl stellt, sich dem Trust anzuschliessen oder vernichtet zu werden. Seine Organisation ist verwickelt, geheim und schlau, er ist ein Meisterstück modernen Scharfsinns und Anpassungsvermögens; er ist ein Resultat der Vereinigung höchsten Geschäftstalents und Ausführungsfähigkeit; er ist zugleich ein Monument des amerikanischen Genius und ein Symbol der amerikanischen Raubgier."

---

[1]) Ueber wirthschaftliche Kartelle in Deutschland und im Auslande. Leipzig, Verlag v. Duncker & Humblot 1894. II. Theil. V. Dr. E. Levy von Halle: Industrielle Unternehmer- und Unternehmungsverbände in den Vereinigten Staaten von Nordamerika. S. 126.

Die Bildung eines Trust's geht in der Weise vor sich, dass die Betriebe, welche ihm beizutreten bereit sind, ihre Fabrik von einem vereideten Taxator abschätzen lassen und sie je nach der Abschätzungshöhe dem Trust offeriren. Sind also z. B. 20 Fabriken vorhanden, so wird das Anlagekapital des Trust's bestimmt durch 1. die Kosten der 20 Fabriken, 2. das nöthige Betriebskapital. Dieses Kapital wird durch Antheilscheine (Shares = Actien) aufgebracht. An der Spitze des Unternehmens steht der Aufsichtsrath (board of directors), als ausführender Leiter, der Präsident oder general manager; es folgen dann die Aktionäre (shareholders). Jeder einzelne Fabrikant kann, soweit es angeht, den Einkauf des Rohproduktes selbst besorgen, da dieser von den lokalen Verhältnissen zu abhängig ist, hingegen bleibt der Verkauf ganz in den Händen der Direktion. Jede Fabrik hat ihre eigene Buchführung, aber alle nach demselben Schema. Sämmtliche Fabriken haben an die Direktion Monatsberichte nach vorgedrucktem Formular einzusenden. Die Direktion bestimmt die Höhe der Produktion und kann einzelne Fabriken bestimmen, welche in bestimmten Zeiten nicht fabriciren dürfen, sodass es vorkommen kann, dass zeitweise von 21 Fabriken nur 7 arbeiten (vergl. S. 21). Nach Schluss des Jahres wird Bilanz gemacht und der gemeinsame Gewinn vertheilt, und zwar im Verhältniss der Antheilscheine. Es hat also der Fabrikant, der veranlasst war, den Betrieb zu schliessen, weil er bei bestimmten Lokalverhältnissen oder auch durch Ueberproduktion Unterbilanz machen oder die Gesellschaft schädigen könnte, keinerlei Nachtheil durch die Arbeitseinstellung, nimmt vielmehr in ganz gleichem Verhältniss, wie die arbeitenden Fabriken Theil am Gewinn der Gesellschaft. Die Antheilscheine sind je nach Abmachung verkäuflich oder nicht.

Der Hauptunterschied zwischen Trust und Pool besteht darin, dass bei ersterem die Fabriken in den Besitz der Gesellschaft übergehen, bei letzterem in den Händen der Gesellschafter bleiben, welche nur hinsichtlich ihrer Produktion unter Kontrolle stehen, zur Verhinderung der Ueberproduktion.

Ein Trust hat gute Seiten, die darin bestehen, dass er die Produktion regelt und hebt die Technik dadurch, dass er die kleinen Fabriken eingehen lässt dagegen die grossen mit allen ihm bekannten Mitteln der Technik aufs Beste ausrüstet und diese so in den Stand setzt, aufs Billigste und Beste zu arbeiten. Der Verkauf der fertigen Waare liegt in der Hand der Leitung, welche also die Preise beliebig erhöhen und erniedrigen kann, wie es für die Industrie gerade vortheilhaft ist, und welche auch die Inlandpreise hoch halten kann, um durch Schleuderpreise im Auslande den Export dahin an sich reissen zu können.

Ein Trust hat aber auch schlechte Seiten. Es sind das einmal die selbst vor Gewalt manchmal nicht zurückschreckende Rücksichtslosigkeit, mit der er die Konkurrenz bekämpft und zu vernichten strebt; andererseits die mit den eigenen Papieren häufig getriebene Spekulation, welche unter Bereicherung der Leitung zum Untergange eines Trust's führen kann und auch schon verschiedentlich geführt hat. Levy von Halle[1]) sagt hierzu: „Eine der schlimmsten Lücken der Aktiengesetze in den Vereinigten Staaten ist, dass es den Gesellschaften, wie einst in Europa, erlaubt ist, ihre eigenen Papiere zu besitzen. Die betreffenden Verwaltungen benützen diese zu grossen Börsenspekulationen bald à la hausse, bald à la baisse in ihren eigenen Werthen; wenn es gut geht, sollen sie zuweilen den Ertrag selbst behalten, geht es schief, so wird die Gesellschaft belastet. Die Einbehaltung gewisser Procentsätze vom Stock in der Kasse und die Diskretionär-Vollmachten des Verwaltungsraths, bezw. der Leiter, diesen zu Ankäufen neuer Unternehmungen oder sonst im Interesse der Gesellschaften zu verwenden, haben hier die Handhabe geboten. Im Alkohol-, Leinsaatöl- und Stärke-Trust ist es bisher zu aktuellen Krisen noch nicht gekommen, doch hat im Jahre 1893 der Auseinanderfall der Distilling and Cattle Feeding Co., dieses Schmerzenskindes unter den Trusts mit seiner abenteuerlich speku-

---

[1]) l. c. 167.

lirenden Verwaltung ganz nahe vor den Thüren gestanden[1]), und die beiden anderen schwanken stark."

In dem Krisenjahre 1893 fielen nach der gleichen Quelle die Aktienpreise der American Sugar Refining Co. von $132^5/_8$ im Januar bis auf $61^3/_4$ im Juli und gingen dann langsam bis auf $84^7/_8$ im December hinauf; diejenigen der Nat. Starch Mfg. Co. fielen von $34^3/_8$ im Januar bis auf 6 im December.

Der Hauptunterschied der deutschen und der nordamerikanischen Produktion der Stärke und Stärkefabrikate besteht also hinsichtlich ihrer Organisation darin, dass Deutschland neben einzelnen sehr grossen Betrieben seine Stärke und Stärkefabrikate in vielen kleineren selbstständigen, zum Theil industriellen, zum Theil landwirthschaftlichen Fabriken erzeugt, während in den Vereinigten Staaten die gesammte Produktion hauptsächlich auf eine mässige Anzahl sehr grosser Fabriken entfällt, von denen ein erheblicher Theil zu einer fest zusammengeschlossenen, kapitalskräftigen, die Produktion regelnden Vereinignng verbunden ist.

Die technischen Verhältnisse der amerikanischen Industrie der Stärke und Stärkefabrikate.

Die Maisstärkefabrikation.

Das Rohmaterial. Wenn der Stärke- oder Glucose[2])-Fabrikant die freie Wahl hat, so zieht er den weissen Mais (Corn) als den kleberärmsten allem anderen vor. Ihm folgt in der Qualität weiss und gelb gemischter, während rein gelber Mais wegen seines Kleberreichthums ungern verarbeitet wird.

---

[1]) Derselbe ist mittlerweile erfolgt, indem er vom Obergericht von Illinois im Juni 1895 für eine ungesetzliche Körperschaft erklärt wurde. Doch wird er voraussichtlich unter anderem Namen neu entstehen.

[2]) Die Amerikaner bezeichnen den Stärkezucker-Syrup als glucose und liquid glucose. Ich behalte diese Bezeichnung hier bei, weil dieselben unter Syrup etwas anderes verstehen, und so Verwechslungen in der Folge entstehen könnten.

Nach Krieger wird auch die dünne Schale, kleiner Keim, grosser Mehlkörper und Vollreife beachtet.

Ausser diesen äusseren Merkmalen spielt der Wassergehalt des Maises die wichtigste Rolle, einmal der Ausbeute wegen, anderntheils der Lagerfähigkeit halber. Nach Mittheilungen von Dr. Behr hat der Mais im Durchschnitt 15—17% Wasser, da der trocknere den Fabriken nicht zu Gute kommt, sondern für den Export verwandt wird. Der Wassergehalt kann aber, und das ist besonders bald nach der Ernte der Fall, bis zu 25% ansteigen. Der Mais ist dann wohl billiger zu erhalten, er ist aber auch in diesem Zustande zum Auskeimen und Schimmeln sehr geneigt.

In sehr vielen Fällen wird aber der Stärke- und Glucose-Fabrikant gar nicht die Auswahl haben, sondern gezwungen sein zu nehmen, was er bekommen kann, und daher mehr auf niedrigen Preis als auf die Qualität sehen.

Auch sollen die Fabriken vielfach den Mais aus dem Westen beziehen, wo die Farmer gewöhnt sind, gegen ihre Erzeugnisse nur Waare einzutauschen, und daher, um baares Geld zu erhalten, gern niedrige Preise stellen. Dort bietet der Agent der Fabrik, wenn im Osten der Bushel Mais 51 cts.[1]) kostet, vielleicht nur 30 cts.; dazu kommt dann die Fracht mit 6—10 cts., sodass der Mais in der Fabrik sich auf höchstens 36—40 cts. stellt, d. h. diese bezahlt für 100 kg Mais statt 8,45 M. nur 5,94—6,60 M.

Im Jahre 1895 ist der Maispreis ausserordentlich weit gesunken und betrug im December in Chicago nur etwas über 25 cts. für 1 Bushel, also etwa 4,25 M. für 100 kg, und in New-York 31 1/2 cts. oder 5,20 M. für 100 kg, sodass auch ein starkes Fallen der Stärke- und Syrupspreise und erneute Konkurrenz zu befürchten steht.

Die Preise für den Mais sind schwankende, je nach dem Ausfall der Ernte und dem Export. Im Jahre 1894 war der

---

[1]) 1 ct. = 1 Cent = 4,20 Reichspfennige.

1 Bushel Mais = 56 Pfund englisch = 25,45 kg.

Maispreis Ende Juli z. B. 35 cts. für 1 Bushel = 56 Pfund, stieg dann, da eine schlechte Ernte in Aussicht stand, im Anfang September bis zu $62^3/_8$ cts., um dann allmählich auf 57 cts. im Oktober zu fallen, und erreichte im Januar eine Höhe von 51 cts. in New-York und 45 cts. in Chicago. Dort sind die Preise im Durchschnitt 5 cts. geringer als an ersterem Platze.

So starke Schwankungen, welche zeitweise sogar den Maispreis gleich oder ein Weniges höher gestalteten als den Weizenpreis, sodass man schon davon sprach, Weizen statt Mais verarbeiten zu wollen, sind wohl nicht so häufig; denn nach den Angaben des Schatzamtes der Vereinigten Staaten in dem Handels- und Schiffahrtsbericht[1]) betrug der mittlere Jahrespreis für ausgeführten Mais pro Bushel bezw. 100 kg:

1888 = 55 cts. bezw. 9,08 M.	1891 = 57 cts. bezw. 9,41 M.
1889 = 47 - - 7,75 -	1892 = 55 - - 9,08 -
1890 = 49 - - 8,09 -	1893 = 53 - - 8,75 -

Die Maisernten erreichen eine sehr bedeutende Höhe, und es wird die Hauptmenge im Lande verbraucht, während nur ein geringer Procentsatz ausgeführt wird. Dieselben betrugen[2]).

1889 =	477 Millionen D.Ctr.,	davon ausgeführt			3,57 %
1890 =	538	-	-	-	-	4,85 -
1891 =	380	-	-	-	-	2,15 -
1892 =	525	-	-	-	-	3,72 -
1893 =	415	-	-	-	-	2,89 -

Die zu Stärke- und Stärkefabrikaten verarbeitete Maismenge kann man im Durchschnitt zu 10—12 000 000 D.Ctr. rechnen, also bei einer Durchschnittsernte von 467 Millionen D.Ctr. im Jahre zu nur 2,15 bis 2,57 % der gesammten Ernte. Dagegen werden in Deutschland von 250 Millionen D.Ctr. geernteter Kartoffeln etwa 20 Millionen D.Ctr. auf Stärke und Stärkezucker verarbeitet, also 8 % der Ernte.

---

[1]) Treasury Department: The foreign Commerce and Navigation of the United States for the year 1893. Washington; Govern. Print. Office 1894.

[2]) Statistical Abstract of the United States 1893 No. 16. Washington, Government Printing Office 1894 S. 222.

Das Quellen des Maises. Das Einweichen des Maises geschieht in Holzgefässen, meist runden Bottichen, welche 1000 Bushel oder rund 250 D.Ctr. Mais zu fassen vermögen. Dieselben haben am Boden ein Ventil zum Ablassen des Weichwassers und ein Mittelrohr zum Ausstossen des Maises. Bisweilen sind die Böden der Bottiche kegelförmig und tragen in ihrer Mitte einen Siebrost zum Ablassen des Wassers, welcher in der Mitte eine Ventilöffnung zum Ablassen des Maises nach dem Quellen besitzt. Als noch zweckmässiger bei hochstehenden Quellstöcken erscheint ein glatter Boden mit Oeffnung in der Mitte und ein Tangentialwasserstrahl, welcher die letzten Maisreste in ein zur Abscheidung des Spülwassers bestimmtes Gefäss herausspült.

Zur Quellung wird fast durchgängig warmes Wasser benutzt. Das Ankochen desselben geschieht mittelst eines am Boden des Quellstockes angebrachten Dampfinjektors, welcher das Wasser unten ansaugt und oben in den Bottich wieder hineinwirft. Man giebt dem Wasser eine solche Temperatur, dass nach erfolgtem Zuschütten des vorher gewogenen Maises dieselbe 45° bis 50° C. beträgt.

Ebenso ist es fast durchgängig der Fall, dass dem Quellwasser ein Zusatz von schwefliger Säure gegeben wird und zwar in solchen Mengen, dass das Weichwasser $\frac{1}{4}$ bis $\frac{1}{3}$ Procent Schweflig-Säure-Gas (SO^2) enthält.

Nur dort, wo nur alkalische Stärke erzeugt wird, fällt dieser Zusatz fort.

Die Quellzeit beträgt gewöhnlich 50 bis 60 Stunden. Eine Erneuèrung oder Neu - Anwärmung des Quellwassers findet dabei, namentlich bei Verwendung schwefliger Säure, nicht statt.

Beim Quellen diffundirt ein Theil der schwefligen Säure in das Innere des Maiskornes, sodass dasselbe gesund bleibt, selbst wenn das Wasser faulig werden sollte. Letzteres soll nach beendeter Quellung noch 0,1—0,15% schweflige Säure enthalten. Die in das Korn gedrungene schweflige Säure lockert das ganze Gefüge des Maiskornes, sodass es morsch wird, wie das Gerstenkorn beim Mälzen. Ist dieser Punkt vollkommen durch das ganze Korn hin erreicht, sodass es dem Malzkorn mit guter Auflösung gleicht, so ist der Mais quellreif. Beim Quellen mit Wasser allein bleibt das Korn mehr zähe und hornartig.

Die schweflige Säure wird in den Fabriken selbst erzeugt, und zwar durch Verbrennen von Schwefel in einfachen viereckigen, gusseisernen Kästen, deren Deckel ein Kühlbecken bildet, während die Luftzufuhr durch eine Schiebethür erfolgt. Das Gas wird durch eine längere Leitung in gusseisernen Röhren gekühlt und dann in einen durch mehrere Stockwerke reichenden, etwa 2 m im Durchmesser haltenden hölzernen mit Koke gefüllten Bottich geleitet. Auf dem Deckel desselben sind eine grosse Anzahl dünner Bleirohre angebracht, welche alle in ein Hauptrohr münden, durch welches mittels eines damit verbundenen, auf dem Fabrikdache befindlichen bleiernen Dampfinjektors das Schweflig-Säure-Gas von unten nach oben durch den Kokethurm gesogen wird, sodass das ihm entgegenfliessende Wasser dasselbe aufnehmen kann. Die so erzeugte wässrige Säure enthält 0,8—1% des Gases.

Zerkleinerung des Maises. Durch Schnecken, bezw. Elevatoren wird der gequollene Mais zu den Zerkleinerungsapparaten geführt. Dieselben sind, soweit ich es zu sehen Gelegenheit hatte, durchweg einfache Mahlgänge, von den bei uns in der Stärkefabrikation üblichen nur dadurch unterschieden, dass sie meist mit einem gewölbten gusseisernen Deckel bedeckt sind. Nach den mir allgemein gemachten Angaben soll dies auch die gewöhnliche Art der Maiszerkleinerung sein, und nur in den Fabriken, welche die Maiskeime zur Oelgewinnung abscheiden, finden sich auch kannellirte und glatte Walzen, bezw. Desintegratoren zu dem Zwecke.

Die Mahlgänge haben einen Durchmesser von 1 bis 1½ m und machen 175 bis 210 Umdrehungen in der Minute. Die Steine sind zumeist Franzosen. Der Aufbau ist ein sehr verschiedener, doch wird im Allgemeinen als zweckmässig erkannt, die Haupthauschläge nicht ganz bis zur Peripherie auslaufen, sondern etwas glatten Rand zu lassen. Ein sehr gutes Reibsel gaben Steine mit sichelförmigen Hauschlägen, von denen je einer kürzer, der nächste länger und bis auf etwa 5 cm vom Rande auslief. Der· Rand war glatt. (Abbild. 1.) Es wird in manchen Fabriken nur einmal, in anderen dagegen das abgesiebte grobe Reibsel nochmals gemahlen. Es pflegen in letzterem Falle die ersten Steine weit gestellt zu werden, um die Schalen und Keime möglichst wenig zu zerkleinern. Jedenfalls scheint die Ansicht Krieger's, dass zweimaliges Mahlen zu verwerfen sei, nicht allgemein von den amerikanischen Fabrikanten getheilt zu werden, denn von den 6 Fabriken, die ich besuchte, zerkleinerten 4 doppelt. Bei den zweiten Mühlen werden die Steine sehr scharf gestellt, sodass ein sehr feiner Brei entsteht.

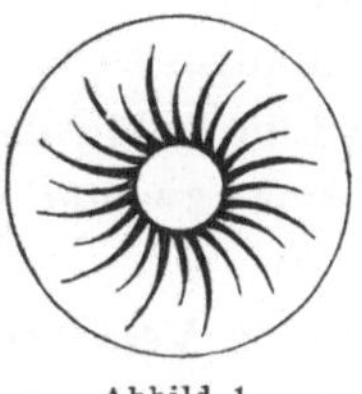

Abbild. 1.

51203

Die Hülsen und Keime bleiben dabei, nachdem sie auf der ersten Mühle abgeschält sind, meist grossstückig.

Das Sieben. Das Absieben des Reibsels geschieht fast allgemein auf Schüttelsieben, die mit Seidengaze belegt sind. Zu jedem Mahlgang gehören gewöhnlich zwei Siebe. Dieselben sind 1—1,5 m breit und 2,5—3 m lang, an langen Holzfedern aufgehängt oder mit Gelenkfedern gestützt und ohne besondere Konstruktionsunterschiede gegen die in Deutschland üblichen. Die Anzahl der Hin- und Hergänge beträgt 250—300 in der Minute.

Es sind selten glatte Siebflächen mit direkt auftreffender Wasserbrause, sondern meist Kataraktsiebe nach Siemens, welche 2 bis 4 Mulden mit besonderem und starkem Wasserzufluss besitzen und dementsprechend $\frac{1}{2}$ bis 1 m lange Siebflächen. Belegt sind dieselben auf den ersten Sieben für den Brei der Vormühlen mit Seidengaze No. 9—10, für das zweite Reibsel mit No. 12—16.

Gewinnung der Stärke. In der von den Auswaschsieben abfliessenden Stärkemilch ist die Stärke noch mit grösseren Klebermengen vermischt. Diese aus der Stärke möglichst zu entfernen, ist der Zweck der weiteren Behandlung der Stärkemilch. Dieselbe ist nun in verschiedenen Betrieben verschieden, oder wird auch in demselben Betriebe verschieden gehandhabt, je nach der Art des Verbrauches, für den die erzeugte Waare bestimmt ist.

Das eine Verfahren, das Schwefligsäure-Verfahren, wird bei der Herstellung sog. saurer Stärke, das andere, das Alkaliverfahren, bei der Herstellung der sog. alkalischen Stärke benutzt. Bei dem ersteren, welches auch das Stärke-gewinnungs-Verfahren der Glucosefabriken ist, wird schon beim Einquellen des Maises schweflige Säure verwandt, während bei dem zweiten Verfahren meist ohne solche eingeweicht wird.

Beide Verfahren gestalten sich, natürlich mit mancherlei kleineren Aenderungen in verschiedenen Fabriken, im Wesentlichen wie folgt:

Das Schwefligsäure-Verfahren. Die von den Auswaschsieben kommende Stärkemilch wird direkt oder unter erneutem Zusatze von Schwefliger Säure (besonders bei Glukosefabriken) auf Feinsieben raffinirt. Es sind das wieder Schüttel-siebe glatt oder mit Mulden versehen, welche mit Seidengaze No. 16—18 belegt sind. In einer Fabrik fand ich Katarakt-siebe mit 8 Mulden und $^1/_4$ m langen Siebtheilen, auf welchen bei sehr zahlreichen Hin- und Hergängen (etwa 400—500 in der Minute) bei vorheriger starker Verdünnung unter Schweflig-Säure-Zusatz raffinirt wurde.

Die von diesen Sieben abfliessende Stärkemilch wird durch Absitzenlassen in Absatzbottichen oder in besonderen Concentrir-Gefässen (settling cones) auf 3—4° Bé concentrirt, da diese Dicke der Stärkemilch erfahrungsgemäss für das Gewinnen der Stärke auf Rinnen, die vortheilhafteste ist.

Die Concentrations-Gefässe sind eiserne runde Bottiche mit ziemlich spitzem kegelförmigem Boden. In ihrer Mitte steht ein Rohr von etwa 20 cm Querschnitt, welches nicht ganz bis zum Boden reicht, sondern in etwa 30 cm Entfernung von demselben endet. Durch dieses läuft die Milch dicht am Boden des Bottichs ein und steigt auf, wobei sich die Stärke nach der Spitze des Konus zu absetzt. Durch einen Ablaufhahn und Zuflusshahn wird nun der Zufluss der Stärkemilch so regulirt, dass die unten ablaufende Milch 3—4° Bé hat, das am Rande des Bottichs durch einen Rohrstutzen abfliessende Wasser aber stärkefrei ist. In der American Glucose Co., Peoria waren die Ueberlaufrohre aller der zahlreichen Verdickungsbottiche nach einer Stelle hin zusammengeleitet. Dort beobachtete ein Arbeiter ständig, ob das ablaufende Wasser klar war. Diese kontinuirliche Stärkemilch-Concentration ist eine sehr zweckmässige Einrichtung (Abbild. 2).

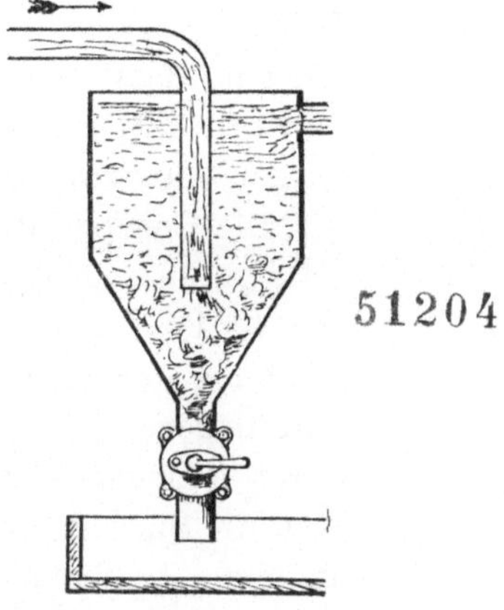

Abbild. 2.

Aus der auf 3—4° Bé concentrirten Stärkemilch wird dann auf Rinnen oder Fluthen, die in Amerika als Tische (tables) bezeichnet werden, die Stärke gewonnen, indem sich dieselbe auf diesen absetzt, während die kleberhaltige Flüssigkeit mit kleinkörniger Stärke gemengt abfliesst.

Diese Rinnen- oder Tischarbeit und die vielen dabei zu beachtenden Punkte, welche die Erzielung eines guten Resultates hinsichtlich der Menge und Beschaffenheit der abgelagerten Stärke bedingen, sind so eingehend von Krieger (s. dessen Abhandlung S. 12 ff.) beschrieben, wie sie bei einem immerhin kurzen Besuche in einer fremden Fabrik garnicht beobachtet werden können. Ich will daher hier nur die Hauptpunkte, welche Krieger ausführt, hervorheben, und ich verweise hinsichtlich der Einzelheiten auf das Original.

Die Rinnen haben nach Krieger eine Länge von 30—50 m, und es sind die längeren vorzuziehen. Die Breite schwankt von 1—0,5 m, die breiteren Tische sind billiger in der Herstellung und bequemer zu befahren mit Schiebkarren zum

Wegfahren der ausgestochenen Stärke, dagegen ist das gleichmässige Absitzen der Stärke auf den schmaleren besser zu reguliren, und es sind diese daher vorzuziehen. Man giebt den Rinnen auf je 1 m Länge 4—6 mm Gefälle.

Der Zufluss der Stärkemilch muss ein gleichmässiger sein, und jede Unterbrechung desselben muss vermieden werden, weil sonst der Zweck des Rinnens, die möglichst vollständige Trennung des Klebers von der Stärke nicht erreicht wird. Daher muss der Zufluss stets gleich stark sein und so regulirt werden, dass sich alle Stärke absetzt, ohne dass er doch so schwach wird, dass der Kleber von dem Strom nicht mehr fortgerissen wird.

Die Concentration der Stärkemilch muss stets eine gleichmässige und nicht zu starke sein, am Besten 3—4 ^{0} Bé. Milch von 6 ^{0} Bé ist bereits sehr schwer richtig zu fluthen. Die Fluthung der Stärke muss einer fortwährenden Beaufsichtigung unterliegen, weil jeden Augenblick Unregelmässigkeiten eintreten können. Dazu gehört besonders das sogen. Schneiden, d. h. die Bildung von Vertiefungen dadurch, dass die Milch nur auf einer bestimmten Stelle, an der Seite oder in der Mitte der Rinne läuft, während die übrigen Theile todt daliegen. Es scheiden sich dann an den Rändern des Strombettes Klebertheile ab und verunreinigen die Stärke. Es sind daher ständig Arbeiter da, welche mit dem „Paddle", d. h. einem ruderartig erweiterten Holzstab, Unebenheiten auszugleichen und entstandene Vertiefungen zuzudecken haben und ab und zu durch Hinstreichen über die Oberfläche für die Ebenheit derselben sorgen und Kleberreste weiter befördern.

Zweckmässig ist es, die Rinnen zu theilen, sodass auf einer oberen Rinnen-Tafel möglichst viel einer sehr reinen Stärke gesammelt wird, auf einer darunter befindlichen aber alle noch in dem von jener abfliessenden Wasser enthaltene Stärke, welche dann natürlich kleberreicher ist.

Besondere Schwierigkeiten bereitet es dem Betriebsleiter, dass die Arbeit zeitweise auf eine besonders hohe Leistung gesteigert werden muss, und doch die Qualität nicht leiden soll.

Einmal soll aus einem gegebenen Quantum Mais eine möglichst hohe Ausbeute erzielt, ein andermal eine sehr grosse Stärkemenge ohne Rücksicht auf die Ausbeute geliefert werden. Letzteres tritt ein, wenn der Mais billig, die Konkurrenz gering, und also hohe Preise für Stärkeprodukte zu erzielen sind, obwohl es technisch irrationell ist. Auch die Temperatur ist von Einfluss auf das Absitzen der Stärke und die Rinnenarbeit. Ungefähr 85 % der festen Bestandtheile der Rohstärke lagern sich auf den Rinnen als Stärke ab, während 15 % mit dem Kleber fortgehen.

Ich will hier einige eigene Beobachtungen über die Rinnenarbeit anknüpfen. Bei den von mir besichtigten Fabriken waren die Rinnen je nach den örtlichen Verhältnissen 30—50 m lang, oft in mehreren Stockwerken über einander vertheilt. Ihre Breite betrug 40—50 cm, ihre Tiefe 20—25 cm.

Die Zuleitung der Stärkemilch ist sehr verschieden. Ich fand sowohl geschlossene mit Hahnstutzen versehene Eisenrohre, wie auch offene Zulauf-Kästen in der Höhe der Rinnen mit Rohrstutzen oder mit Schieberöffnung an jeder Rinne, vor welcher über die ganze Breite der Rinnentafel hin ein schräg auf strebendes an der Kante glatt gehobeltes Ueberlauf-Brett sich befand. (Abbild. 3.)

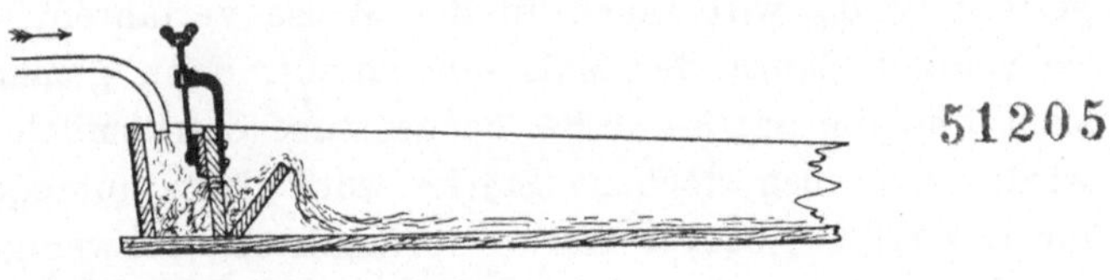

51205

Abbild. 3.

Zum Abstreichen des Klebers dienten Krücken von Holz und zur Vermeidung ungleicher Fluthung eine Holztrommel, deren Mantel von einzelnen etwas von einander abstehenden Stäben gebildet wird, und welche, um eine horizontale Axe drehbar, auf der Oberfläche der Stärke hingeschoben wird. Es wird die Stärke dadurch wellig aufgerührt an der Oberfläche und damit ein besseres Fluthen erzielt.

3*

Der Transport der mit Spaten ausgestochenen Stärke geschieht gewöhnlich auf Schienenwagen, die über die Rinnen hinlaufen. In einer grossen Glucosefabrik geschah dieser Transport aber auf mit Querleisten besetzten Lederriemen ohne Ende, welche in der Längsrichtung der Fluthen neben diesen auf Rollen hinliefen, und unter denen Bretter zum Auffangen etwa abtropfender Stärke angebracht waren. Diese Riemen führten alle zu einem nach den Convertoren gehenden Querriemen. Durch sie wird die Arbeit des Fortfahrens der Stärke erspart und diejenige des Ausstechens erleichtert.

Das Alkaliverfahren. Bei diesem Verfahren läuft die von den Auswaschsieben kommende Stärkemilch in tieferstehende Quirle und wird hier mit dem Alkali (Natronlauge) versetzt, nachdem sie vorher durch Absitzenlassen auf 3—4° Bé. concentrirt war. Durch den Zusatz des Alkali wird der Kleber gelöst. Die Stärkemilch wird dann auf gleichen Rinnen, wie sie beschrieben wurden, gefluthet, die ausgestochene Stärke mit Wasser aufgequirlt und auf Schüttelsieben über sehr feine Seidengaze raffinirt, dann durch Absitzen concentrirt und in der später zu beschreibenden Weise zum Trocknen vorbereitet.

In Fabriken, wo sowohl saure wie alkalische Stärke hergestellt wird, wird auch in der Weise verfahren, dass mit schwefliger Säure der Mais eingequellt, dann gemahlen, gesiebt und die auf 3—4° Bé. concentrirte Stärkemilch gefluthet wird. Die ausgestochene Stärke wird dann aufgequirlt und für Herstellung saurer Stärke nochmals mit schwefliger Säure, zur Herstellung von alkalischer Stärke mit 0,5% der trocknen Stärke an festem Natronhydrat (mit 70% Natron) versetzt und nochmals gefluthet (retabled).

Da mit dem Ausstechen der Stärke ein gewisser Abschluss der Gewinnung derselben bei Herstellung von trockner Stärke gemacht ist, bei den Glucosefabriken an dieser Stelle das Rohprodukt fertig ist, und die Gewinnung und Weiterverarbeitung der Rückstände der Stärkegewinnung neben den eben mitgetheilten Arbeiten herläuft oder mit denselben verbunden ist, so lasse ich die Beschreibung derselben hier folgen und werde das Trocknen der Stärke erst nachher in einem besonderen Abschnitte besprechen.

Gewinnung der Futterrückstände. Die Rückstände bestehen aus 1. den Schalen und Keimen, welche auf den ersten Auswaschsieben, 2. den feineren Fasertheilen, welche auf den zweiten Sieben bleiben, beide zusammen bilden die Maisschlempe (slop), und 3. aus den von den Rinnen ablaufenden Abwässern, welche die Hauptmenge des Klebers und die nicht zum Absitzen gelangte Stärke neben feinsten Fasertheilen enthalten (Glutenwasser).

In wasserfreier Substanz enthalten diese Rückstände nach Ansil Moffat[1]).

	Siebrückstände (1 + 2)	Glutenwasserrückstände
Stärke	32—48%	28—45%
Eiweiss	60—46%	45—40%
Oel u. Fettsäuren	8— 6%	25—15%

Nach Mittheilungen von Dr. Behr enthalten die Rückstände des Glutenwassers in wasserfreier Substanz 35% Stärke und 40—45% Eiweiss.

In den meisten Fabriken werden alle Rückstände zu einem Futterrückstand vereinigt, in einigen aber auch getrennt verarbeitet.

Die gemischten Rückstände enthalten nach mir gemachten Angaben in der Trockensubstanz 26—28% Eiweiss, etwa 8% Fett und etwa 30% Stärke. Diese letztere Zahl erscheint als Mittelzahl sehr niedrig gegriffen.

Die Maisschlempe (d. h. aller Siebrückstand) wird entweder getrocknet und in lufttrockenem Zustande als Milchfutter (dairy feed)[2]) in den Handel gebracht, oder sie wird

---

[1]) Biedermann: Technisch-Chemisch. Jahrbuch 1888/9. S. 296.

[2]) 1 Bushel Mais (56 Pfund) giebt 13—14 Pfund oder 23—25% Milchfutter, welches mit 75 cts. = 3,19 M. für 100 Pfund bezahlt wird. Nach A. Moffat giebt 1 Bushel Mais Siebrückstände 10—15 Pfund, Glutenrückstände 7—10 Pfund; nach Krieger geben 100 kg Mais: Wasserfreie Stärke = 46,5—52 kg, Glutenmehl = 18 kg, Slop getrocknet = 18 kg.

als frisches Futter (slop), nach dem Abpressen eines Theiles ihres Wassergehaltes an die Landwirthe (farmers) der Umgebung verkauft[1]), oder sie wird endlich gleich nach der Mischung in offenen Holzgefässen aufgekocht und ohne Wasserbeigabe an eigenes Vieh verfüttert. Dazu kauft die Fabrik bis zu 1000 Stück Rindvieh, welches in eigenen weiten, leichten Holzställen gemästet und im Sommer zum Schlachten verkauft wird.

Die nach dem Alkaliverfahren arbeitenden Fabriken fällen den Kleber aus den Abwässern der Rinnen durch Säurezusatz aus, lassen ihn absitzen und mischen der concentrirten Flüssigkeit die Siebrückstände bei. Nur in einzelnen Fällen wurde das kleberhaltige Abwasser einfach fortgelassen. Es ist dies zweifellos als unzweckmässig zu bezeichnen.

Die Art, wie die Mischung, Abpressung und Trocknung der Maisschlempe in den verschiedenen Fabriken gehandhabt wird, ist eine sehr verschiedene und bisweilen alterthümliche.

Zumeist wird zunächst das Glutenwasser durch Absitzenlassen concentrirt. Entweder werden ihm dann die Siebrückstände direkt zugeführt und beide zusammen abgepresst, oder — was wohl zweckmässiger ist, es werden die Siebrückstände vorgepresst und dann mit dem concentrirten Glutenwasser gemischt und nochmals gepresst[2]).

51206

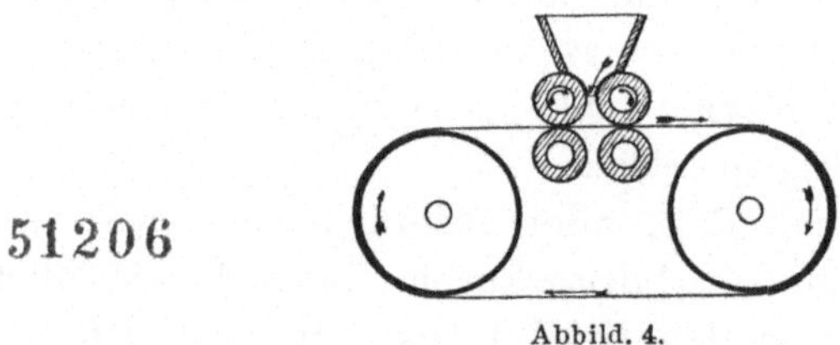

Abbild. 4.

Das Vorpressen der Siebrückstände geschieht entweder auf grober Siebgaze ohne Ende, welche durch zwei grosse

---

[1]) Mit ca. 58 % Wasser zu 30 cts. = 1,27 M. für 100 Pfd. (220 Pfd. = 100 kg).

[2]) Bisweilen werden auch die Rückstände aus dem Glutenwasser für sich abgepresst und getrocknet und als Glutenmehl (gluten meal) in den Handel gebracht.

Holzwalzen angetrieben wird, während die Schlempe durch zwei Paare von Kautschukwalzen eingesaugt und durch das Sieb abgepresst und von ihm fortgeführt wird (Abbild. 4). Oder es werden dazu erfolgreich die von Selwig & Lange in Braunschweig für Zuckerfabriken gebauten Kegelschnitzelpressen, welche bis auf 60—65% Wassergehalt abpressen, oder auch Filterpressen benutzt.

Die darauf in Schnecken oder Bottichen vereinigten Mischungen der gepressten Siebrückstände und des concentrirten Glutenwassers werden dann auf alten Ciderpressen in grossen viereckigen glatten Säcken mit dazwischen liegenden geriffelten Brettern und hydraulischem Stempel oder auch auf Filterpressen zu einer bröckelnden Masse gepresst und dann in besonderen Trockenapparaten getrocknet.

Ich habe drei Arten von Trockenapparaten gesehen; es sind dies:

1. Ein neuer noch nicht in Betrieb befindlicher Trockenapparat Patent Cummer Son & Co., Cleveland, Ohio, Arcade Building, bestehend aus einem grossen eisernen, eingemauerten Cylinder, durch welchen ein Exhaustor heisse Luft saugt, welcher 40 Tonnen trocknes Futter in 24 Stunden liefern sollte.

2. Der in Brauereien Amerikas vielfach eingeführte Vacuumtrebertrockenapparat, Patent Birkholz-Milwaukee, von complicirter Construktion, welcher in Folge der Vacuumarbeit und des Kraftverbrauchs sehr kostspielig trocknen soll.

3. Ein verhältnissmässig einfacher, meiner Ansicht nach aber sehr leistungsfähiger Apparat ohne besondere Bezeichnung, (S. Abb. 5). Derselbe besteht aus einer etwa 10 cm langen und etwa 2 m im Durchmesser haltenden Eisentrommel A, welche mit Wärmeschutzmasse bekleidet ist, etwa 25 cm Fall hat und 6 Umgänge in der Minute macht. Auf der Innenseite der Trommel sind abwechselnd gerade und mehr oder weniger geknickte Schaufelbleche a (zur Vermeidung von Verstopfung) aufgesetzt, welche das Trockengut heben und durch ein in der Mitte der Trommel hinlaufendes System von etwa 10 cm starken Dampf-Heizrohren fallen lassen. Das Trockengut wird durch

eine Schnecke dem Fülltrichter b zugeführt. Ein Exhaustor c saugt den Wrasen ab und die Luft ein, welche durch eine Mittelscheibe mit verstellbaren Oeffnungen bei d an der Stirnwand der Auswurfseite eintritt. Der Antrieb geschieht durch ein der Trommel aufgesetztes Zahnrad, in welches ein Kammrad eingreift, das an einer durch zwei Friktionskonusscheiben sicherer geführten Welle e sitzt. Der Staubfang f ist etwas primitiv und periodisch durch eine Ausfallklappe zu entleeren. Das Trockengut passirt den Apparat in etwa 14 Minuten.

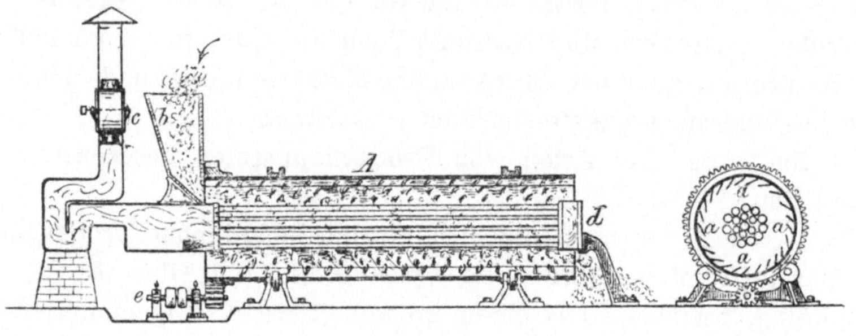

51207   Abbild. 5.

Ein äusserlich ähnlicher, der Art der Heizung und Luftzuführung nach aber ganz verschiedener Apparat (Abbildung 6) wurde mir, wie folgt, beschrieben: Die schmiedeeiserne etwa 9 m lange und 1,25 m im Durchmesser starke Trommel a läuft an den beiden Enden x und y in 4 Laufrollen. An der Innenseite derselben befinden sich in Schraubenlinie angebrachte Schaufeln, welche das Trockengut von x nach y bewegen. Durch das Rädervorgelege f und die Antriebscheibe g erhält die Trommel eine langsame drehende Bewegung. Das Trockengut kommt nach dem Abpressen mittelst einer hydraulischen Presse durch den Elevator b, nach dem Kasten c, von welchem es in die Trockentrommel gleitet.

Die Feuerung des Apparates erfolgt auf dem Feuerheerde e durch ein mit 2 Streudüsen k versehenes Steinölgebläse. Das Feuer streicht durch den Kanal m in den Schornstein n. Der

Kanal m ist mit eisernen Platten und diese wiederum mit sogen. Chamotte-Speise überdeckt. Ueber ihm hin läuft der Heissluftkanal h, in welchen die Luft bei i eintritt, und welchen sie bei d in die Trockentrommel eintretend verlässt. Den hierzu nöthigen Zug bewirkt der Schornstein o mit einem bei p eingeschalteten Exhaustor. Die Trockentrommel hat bei

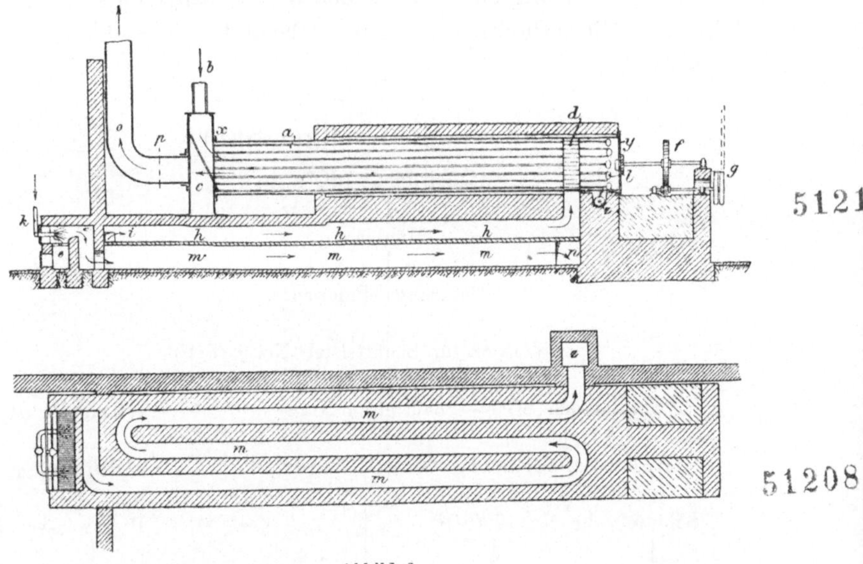

Abbild. 6.

d 12 Oeffnungen mit Wärmerohren nach innen; durch welche die warme Luft durchgesaugt wird. Die trockene Waare fällt bei l aus der Trockentrommel in eine Schnecke, von welcher aus ein zweiter Exhaustor die trockene Waare absaugt und in Lagerkästen ausbläst.

Eine recht zweckmässige Uebersicht über die Reihenfolge der Arbeiten und das Ineinandergreifen der verschiedenen Processe der Gewinnung von Stärke und Futterrückständen nach dem sauren und dem alkalischen Verfahren hat H. E. Horton[1]) mitgetheilt, und ich schliesse dieselbe hier an,

---

1) The Journal of the American Chemical Society 1895. XVII. S. 68.

weil sie einen schnellen Ueberblick darbietet, wenn auch
einige Abweichungen von dem vorher Mitgetheilten darin enthalten sind. Jede Fabrik hat eben gewisse Eigenheiten in
der Arbeitsweise. Es ist zu den Darstellungen zu bemerken,
dass die No. bei den Sieben die No. der benutzten Seidengaze
bezeichnet, und dass bei dem sauren Verfahren der Zusatz
(SO^2) die Stellen angiebt, wo ein Zusatz von schwefliger Säure
erfolgt, dass diese Punkte aber sehr wechselnde in verschiedenen
Betrieben sind.

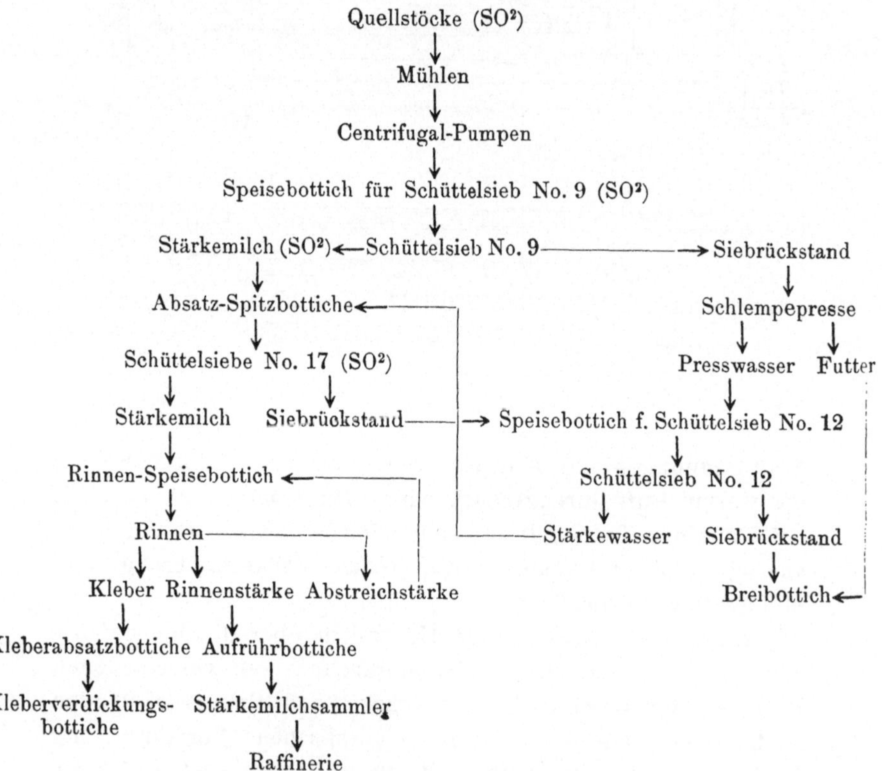

Arbeit mit Alkalien:

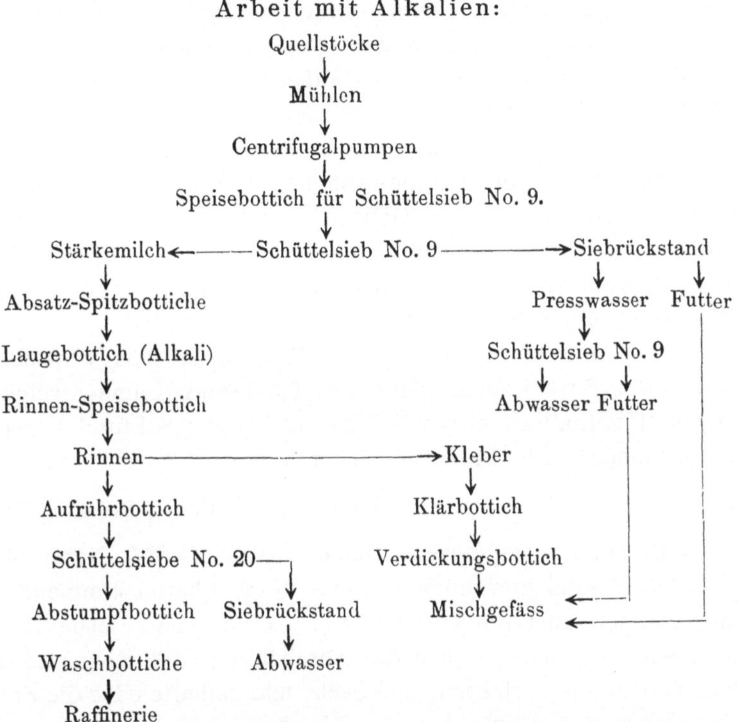

Maisöl-Gewinnung. Die Gewinnung von Maisöl ist kein allgemein übliches Verfahren der amerikanischen Stärke-fabriken, sondern es wird dieselbe höchstens in zwei Fabriken, einer grossen und einer kleineren ausgeübt. Das Verfahren besteht, nach den mir gemachten Mittheilungen, darin, dass der in gewöhnlicher Weise gequellte Mais erst zwischen gerif-felten Walzen gequetscht wird, wobei die Keime nur wenig verletzt werden. Dann kommt die Masse in einen Desintegra-tor, um Keime und Hülsen möglichst von dem zerkleinerten Mehlkörper zu trennen, und es wird der Brei dann in einen Rührbottich in dessen Mitte entleert und soweit verdünnt (nach Krieger auf 8° Bé), dass die ölreichen, specifisch leichteren Keime auf der Flüssigkeit schwimmend sich abscheiden[1]), sie

---

[1]) Auf dies nach Radenhausen nicht neue Verfahren haben

werden abgeschöpft, gesiebt und getrocknet und in hydraulischen Pressen gepresst, bis die Oelkuchen noch etwa 15% Oel enthalten. Man kann zwar bis auf 10% pressen, jedoch geschieht das nicht, da die Oelkuchen dann einen geringeren Preis erhalten, welcher zusammen mit dem grösseren Kraftverbrauch von dem mehrgewonnenen Oel nicht aufgewogen wird. Ein Extrahiren der Oelkuchen mit Schwefelkohlenstoff findet nicht statt. Sie sollen zu dem Zwecke nach Europa gehen, welcher Angabe aber der Umstand widerspricht, dass sie in Amerika als Futtermittel geschätzt sind.

Die Keime betragen 10% der Maiskörner dem Gewichte nach. Ein Bushel Mais giebt also 5,6 Pfund Keime, welche 50% Oel enthalten, also 2,8 Pfund Oel und 2,8 Pfund übrige Bestandtheile. Die Presskuchen enthalten 15% Oel, es entstehen also aus einem Bushel Mais $\frac{2,8 \cdot 100}{85}$ Pfund Presskuchen = 3,3 Pfund, und es müssten danach 5,6—3,3 = 2,3 Pfund Oel vom Bushel Mais gewonnen werden. Nach übereinstimmenden Angaben soll aber die Ausbeute nur 1 Pfund von 1 Bushel Mais betragen. Es muss daher die Abscheidung der Keime nach dem genannten Verfahren eine recht mangelhafte oder die Zerkleinerung der Keime bei der Maiszerkleinerung doch eine ziemlich weitgehende sein.

Es ist auch versucht worden, die Keime auf trockenem Wege durch Mahlen und Sichten im Luftstrom abzuscheiden, doch wurde auf diesem Wege, der von Greene, dem früheren Vicepräsidenten des Spiritus-Trust's in einer Brennerei in Cincinnati nach einem Patent Jacobs eingeschlagen wurde, nur ein fettreicheres Schrot (mit 15%) erhalten, welches noch so viel Stärke enthielt, dass die Pressausbeute ganz ungenügend war, während der Rückstand von dem Schrote noch 3—4% Fett enthielt.

Das Trocknen der Stärke. Centrifugen zum Vor-

G. S. Graves und R. Graves das Ver. Staat. Pat. No. 357 708 erhalten (Biedermann's Techn. chem. Jahrbuch 1887/8. S. 288).

trocknen und endgiltigen Reinigen der Stärke habe ich in Amerika nicht gesehen, und es wurden dieselben auch nach den mir gemachten Mittheilungen dort nirgendwo angewandt, ebenso wenig bekannt ist die Entwässerung der Stärke mit comprimirter Luft nach Uhland.

Das Verfahren, Stärke in Blockform, also fertig zum Trocknen zu erhalten, ist das alte, bei uns nur in einigen Reisstärkefabriken noch übliche. Eine Reihe von am Boden durchlochten, langen Holzkästen von der Breite eines Stärkeblockes, werden mit Tüchern ausgelegt und an einander gereiht. Dann werden sie mit einer concentrirten Stärkemilch befüllt und bleiben zum Abtropfen über Nacht (etwa 12 Stunden), unter Umständen auch 24 Stunden stehen. In der Mitte der Zeit werden sie gestaucht, d. h. hochgehoben und fallen

51209

Abbild. 7.

gelassen, um die Stärke zu verdichten. Morgens werden die Tröge umgekippt auf ein Tuch, welches auf einem in bestimmten Abständen (Stärkeblockbreite) mit Hohlrinnen versehenen Brett ausgebreitet ist. Zwischen Tuch und Brett wird ein Rundholz hingeführt bis zur nächsten Rinne und über ihm jeweilig mit den Händen der lange Stärkeblock abgeknickt in würfelförmige Stücke (s. Abbild. 7). Diese werden dann auf Schienenwagen entweder direkt in die Trockenstuben befördert, oder erst an der Luft, oder auf porösen Steinen (Ziegelform) vorgetrocknet. Letztere müssen oftmals wieder ausgebrannt werden, da sie sonst nicht mehr absaugen und leicht schimmeln.

Die Trocknung geschieht in Kammern, die durch Holzverschlag getrennt und mit hohen Flügelthüren versehen in langer Reihe neben einander liegen. In diese hinein führen Geleise. Die Stärkeblöcke werden auf Schienenwagen mit aufgesetztem Hordengestell auf Bretter gestellt und so in die Trockenräume geschoben. Die Heizung geschieht durch bis in halber Höhe vom Boden senkrecht von jedem Geleise links und rechts sich erhebende in etwa 10 facher Windung hin- und hergehende Heizrohre von der Stärke von Gasrohren, welche mit direktem Dampf geheizt werden, da der indirekte Dampf zum Anwärmen des Quellwassers benutzt wird.

Die Luftbewegung wird durch Holzschlote oder Exhaustoren bewirkt. Die letzteren sind so angebracht, dass sie die Luft nur an einer Stelle in der Mitte des Raumes am Boden absaugen. Die Wirkung dieser auffälligen Einrichtung ist in der Weise gedacht, dass die heisse Luft an den Seiten aufsteigt und mit Wasserdampf beschwert in der Mitte herabsinkt und abgesaugt wird.

Es wird erst bei geringeren Temperaturen (etwa 37° C.) vorgetrocknet, bis die Stärke feuchtbrüchig ist. Die gelbe Aussenschicht, die sich gebildet hat, die Schabestärke, wird abgeschnitten, und es wird dann in verschiedener Weise weiter getrocknet, je nachdem Strahlenstärke (crystal starch) oder Stückenstärke (lump starch) hergestellt werden soll. Im ersteren Falle werden die geschabten Blöcke in Papier verpackt und schnell bei höheren .Temperaturen (ca. 62° C.) getrocknet. Im anderen Falle wird die geschabte, feuchtbrüchige Stärke in Schäfchen (lumps) gebrochen und in lange, flache Holzkästen ausgelegt, welche mit einem Deckel, der zwei Querleisten trägt, bedeckt und über Kreuz auf Horden-Schienenwagen aufgestapelt werden. Diese werden in Holzverschläge geschoben, in welchen die Temperatur allmählich von 40 bis auf 50—60° C. innerhalb 14—16 Tagen gesteigert wird.

Die trockene Stückenstärke wird in einen grossen Holzrumpf gebracht und fällt von ihm aus auf 2 Schüttelsiebe, welche stark geneigt, über einander angeordnet sind. Das erste ist mit einem sehr weitmaschigen Drahtgeflecht (8—10 mm) und am Ende mit sehr gross gelochtem Blech, das zweite mit einem weniger weitmaschigen Drahtgeflecht (4—5 mm) belegt. Die auf dem ersten Sieb zurückbleibende Stärke giebt die grossstückige Stärke (large lump starch), die auf dem zweiten verbleibende die kleinstückige Stärke (small lump starch). Alle Stärke, welche durch beide Siebe gegangen ist, wird auf gewöhnlichen Mühlsteinen oder auf einer Pudermühle, welche an horizontaler Welle kleine hängende französische Steine trägt, zu Maispuder vermahlen.

Die Verpackung der Stärke. Die Stärke wird in Amerika in Fässer, Kisten und Packete verpackt. Säcke werden nur für die geringeren, gelbgefärbten und kleberhaltigen, feingemahlenen Nachprodukte (tailings) verwendet. Zum Füllen der Fässer dienen besondere, bei bestimmtem Gewicht automatisch ausschaltende Fassfüllmaschinen (Improved „Eureka" Sugar Paker made by The Barnard and Leas Manufacturing Co.; Moline Ill.) (s. Abbild. 8). Bei diesen wird das Fass auf einen Fahrstuhl gestellt, welcher an einem Gegengewicht hängt. Das Fass wird unter einen oben trichterförmig erweiterten Blechcylinder von dem Durchmesser und der Höhe des Fasses geschoben, bis dieser auf den Boden reicht. In der trichterförmigen

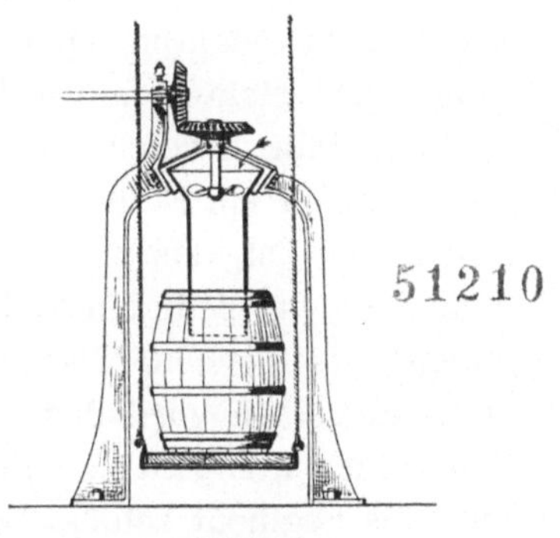

Abbild. 8

Erweiterung befindet sich eine durch Zahnradantrieb bewegte Flügelschraube von der Form einer Schiffsschraube. Der Cylinder wird mit Stärke befüllt, sobald die Flügelschraube in Bewegung gesetzt wird, fällt die Stärke durch den Cylinder in das Fass, welches sich in dem Maasse, wie es schwerer wird, mit dem Fahrstuhl senkt. Wenn es voll ist, d. h. das richtige Gewicht hat, wird durch den Fahrstuhl ein Hebel ausgerückt und damit die Flügelschraube zum Stehen gebracht. Gleichzeitig hat sich das Fass soweit gesenkt, dass der Blechcylinder nicht mehr hineinreicht.

Die Fässer enthalten 250—300 Pfund (meist 260) Pfund Stärke.

Die grossstückige Stärke wird durch Handarbeit sorgfältig

in Kisten zu 40 bis 50 Pfund verpackt, welche sauber aussehen und mit farbigem Brand oder leuchtenden, farbigen Etiquettes geschmückt werden und klingende Namen erhalten, wie Calumet lump starch, Vienna Gold Medal Starch, Niagara gloss, Silver gloss, Diamond gloss, Sun gloss und die anderen noch möglichen und unmöglichen Glanzarten.

Endlich wird die gepulverte Stärke in ebenfalls mit reichem Bilder- und Reklameschmuck versehenen Pfundpacketen in den Handel gebracht.

Die Verpackung und Abwägung geschieht durch eine besondere sehr zweckmässige Füllmaschine, deren Namen ich leider nicht erfahren habe. Die Stärke wird durch ein weites Rohr einer kleinen, mit Rührwerk versehenen stehenden Trommel zugeführt, welche die Zufuhr regulirt. Unter derselben befindet sich ein Füllrohr, welches durch ein Kreissegment abgeschlossen ist, das mit einer Wage in Verbindung steht. An dem Segment befinden sich zwei engere Füllrohre und unter jedem derselben ein Tischchen, das zu der Wage gehört. Auf eines derselben wird das leere Packet gesetzt, und die Stärke läuft ihm zu, sobald es 1 Pfund wiegt, sinkt der Tisch herunter und das Segment schlägt um, wobei das zweite so lange todte Füllrohr unter das grosse Füllrohr kommt und nun seinerseits Stärke einem zweiten Packet zuführt. Die gefüllten Packete werden von Mädchen geschlossen und beklebt.

Die Oswego-Stärkefabrik.

Eine nach manchen Richtungen hin von den bisher beschriebenen Verfahren abweichende Arbeitsweise hat die Oswego Starch Factory von T. Kingsford & Son in Oswego N. Y., welche die älteste und zugleich eine der grössten der Stärkefabriken in den Vereinigten Staaten von Amerika ist. Dieselbe will ich daher hier näher beschreiben, um zugleich ein Bild der Grössenverhältnisse dortiger Stärkefabriken aufzurollen.

Thomas Kingsford, der Vater des jetzigen Leiters der Fabrik, führte im Jahre 1842 zuerst die Fabrikation der Stärke aus Mais ein, indem er ein besonderes Verfahren erfand, dieselbe zu reinigen. Die jetzt bestehende Fabrik wurde im Jahre 1848 begründet. Dieselbe ist an der Mündung des Oswegoflusses in den Ontario-See gelegen und dadurch befähigt, auf dem Wasserwege ihr Rohmaterial auf billige Weise von den dasselbe vornehmlich producirenden westlichen Ländereien zu beziehen.

Der Grund und Boden der Anlage hat einen Flächeninhalt von etwa 17 acres oder fast 7 ha. Von diesem bedecken die Haupt-Arbeitsstätten 5 acres oder rund 2 ha. Die Gebäude, in welchen die Stärke gewonnen und verpackt wird, sind ganz in Stein, Ziegeln und Eisen aufgeführt und haben 223 m Front und 61 m Tiefe nach dem Fluss zu und erheben sich bis zu 7 Stockwerken in die Höhe. Daneben sind grosse Gebäude für die Herstellung von Kisten, Lagerräume, Maschinen- und Zimmermanns-Werkstätten und andere Aussenräume vorhanden.

Die treibende Kraft wird hervorgebracht von 14 durch den Fluss getriebenen Turbinen mit etwa 1220 Pferdestärken und 12 Dampfmaschinen von 845 Pferdestärken, welche im Falle nachlassender Wasserkraft zu Hülfe kommen, sodass im Ganzen 2065 Pferdestärken zur Verfügung stehen. Den nöthigen Dampf .iefern 13 grosse Dampfkessel.

Den Wasserbedarf beschaffen 48 Pumpen mit einer Leistungsfähigkeit von 850000 gallons oder 3230 cbm in der Stunde.

Die Fabrik verarbeitet im Jahre etwa 1000000 Bushel oder 254500 D. Ctr. Mais und hat einen Umsatz von etwa 24000000 Pfund = 109090 D. Ctr. Stärke.

Die ganze Fabrik ist in zwei nach gleichem System, aber unabhängig von einander arbeitende Abtheilungen getrennt. Der Mais wird in den Lagerhäusern, welche 200000 Bushel oder 51900 D.Ctr. Mais auf einmal bergen können, in Mengen von je 5000 Bushel oder 1272 D.Ctr. getrennt gelagert. Beim Aufziehen im Elevator wird der Mais durch einen starken Luftstrom von Staub gereinigt und in Holzgefässen in Wasser von Blutwärme ohne irgend welchen Zusatz eingequellt. Der quellreife Mais wird dann auf 24 Mahlgängen mit französischen Steinen und sechs eisernen Walzenpaaren zerkleinert und in achtseitigen Cylindersieben mit Seidengaze No. 9 ausgewaschen. Das übrigbleibende Futter wird auf Drahtgeflecht-Pressen, wie sie oben beschrieben wurden, abgepresst und in frischem Zustande an die Landleute der Umgegend verkauft.

Die Stärkemilch, welche die Siebe verlässt, wird in viereckigen in den unteren Räumlichkeiten befindlichen Holzgefässen mit schräg über einander liegenden Zapflöchern durch kurzes Absitzenlassen und Abziehen eines Theiles des Wassers concentrirt. Sie wird dann hochgepumpt in die im obersten Stockwerk stehenden Holzbottiche und dort aufgerührt und mit Alkali versetzt.

Der weitere Reinigungsprozess findet nicht auf Rinnen, wie sonst üblich, statt, sondern durch mehrmaliges Aufrühren und Absitzenlassen in Rührbottichen, die sich immer aus dem nächst höherstehenden füllen. Einschliesslich der Laugequirle sind etwa 700 solcher Rührbottiche mit einem Inhalt von etwa 3 200 000 Gallonen = 12160 cbm auf die verschiedenen Stockwerke vertheilt. Die gereinigte Stärkemilch wird dann durch Absitzenlassen concentrirt und in durchlochte viereckige Kästen mit Tüchern gelassen, wo sie abtropft.

Alle Abwässer gehen noch über hin- und hergehende Rinnen, auf denen eine gelbliche Stärke als Nachprodukt gewonnen wird.

Die langen Stärkeblöcke werden aus den Kästen herausgestülpt, mit einem gezahnten Stab die Stellen, wo sie getheilt werden sollen, an ihnen bezeichnet und dann werden sie über ein an der bezeichneten Stelle untergeschobenes Messer abgebrochen in Stücke, welche je 7 Pfund trockene Stärke geben. Diese werden auf einem Band ohne Ende nach den Trockenräumen geführt.

Dort werden sie bei höherer Temperatur vorgetrocknet, dann geschabt und zur Erzeugung von Strahlenstärke in Papier gewickelt und schnell bei hoher Temperatur (ca. 45° C.) oder in Kästen verpackt bei niedriger Temperatur und guter Ventilation langsam zu grossstückiger Stärke getrocknet. Die Trockenkammern sind hohe, durch mehrere Stockwerke durchgehende Stuben mit gegatterten Fächern, welche von unten her durch Heizrohre mit direktem Dampf geheizt werden, während durch Ventilatoren die schlechte Luft oben abgesaugt wird.

Die mir aus dem Betrieb heraus übergebenen Stärkeproben waren besonders grossstückig, bezw. grossstrahlig und sind in einer Pappschachtel im Koffer verpackt, trotz der vielen Stösse, denen sie darin ausgesetzt waren, nur wenig beschädigt hier angekommen. Die Stärke ist von schön weisser Farbe. Es wird aber auch zart violettblau gefärbte Stückenstärke hergestellt.

Besondere grosse Räume sind zur Herstellung von Papphülsen und zur Füllung und Etikettirung derselben vorhanden. Zum Füllen dienen besondere kleine Maschinen, von welchen jede durch ein besonderes Füllrohr gespeist wird. Dieselben sind so eingerichtet, dass sie gerade das Normalgewicht einer Packung herauslassen und dann stillstehen, bis sie durch den Druck auf eine Feder nach Aufstellen einer leeren Papphülse wieder in Thätigkeit kommen. Ein Mädchen kann am Tage 1400 bis 1500 Packete füllen. Ein Verstäuben ist dabei verhindert. Der jährliche Verbrauch an Packpapier beträgt 700 000 Pfund.

Es ist ferner eine eigene Fabrik zur Herstellung von Kisten vorhanden und mit den neuesten Maschinen zum Falzen, Deckelschneiden und Nageln der Kisten ausgerüstet.

Vergleicht man nun die Maisverarbeitung auf Stärke, wie sie in Amerika ausgeübt wird, mit der bei uns üblichen, welche allerdings nur Fabriken mit einer täglichen Produktion von höchstens 100 D.Ctr. Stärke aufzuweisen hat, so finden sich die Hauptunterschiede in folgenden Punkten:

Quellen des Maises: In Deutschland wird meist kalt eingequellt, mit oder ohne Zusatz schwefliger Säure. Es ist dies auch jedenfalls zweckmässiger. Jedoch zwingt die amerikanischen Grossbetriebe die sehr erhebliche Raumersparniss zu dem kürzere Zeit erfordernden Warmeinquellen.

Das Zerkleinern des Maises geschieht in Amerika, mit

Ausnahme der einzelnen Fabriken, welche Maisöl herstellen, mit Steinen allein, und es wird ein oder zweimal gemahlen und sofort gesiebt. In Deutschland wird dagegen der Mais erst mit glatten und geriffelten Walzen und in Desintegratoren vorzerkleinert, dann die Maische mit schwefliger Säure 12 bis 18 Stunden eingequellt und dann erst gesiebt, und zwar werden auf groben Sieben Schalen und Keime entfernt, auf Feinsieben die von jenen ablaufende Milch nachgesiebt und die Siebrückstände von den ersten Sieben auf Steinen gemahlen. Dadurch wird zweifellos die Ausbeute eine höhere, die Qualität eine feinere. Für sehr grosse Betriebe kommt hier allerdings wieder die Platzfrage in Betracht.

Das Sieben auf Schüttelsieben, welche mit Seidengaze bespannt sind, allein, wie es in Amerika ausgeübt wird, ist sowohl für die Ausbeute, wie für die daraus erwachsenden Kosten ungünstiger als die in Deutschland übliche Methode des Absiebens der Schalen und Keime auf groben Metallsieben und der Raffinirung der abfliessenden Milch auf Feinsieben, da die Auswaschungen auf jenen unvollkommener und die durchgehende Verwendung von Seidengaze kostspielig ist.

Das Rinnen der Stärkemilch. Zweckmässig ist die Einrichtung der Concentrir-Gefässe (settling cones) in den amerikanischen Fabriken. In deutschen Fabriken, in denen die Rinnenarbeit ganz derjenigen in den amerikanischen entspricht, wird die von den Fluthen ausgestochene Stärke vielfach nochmals längere Zeit mit schwefliger Säure zum Bleichen behandelt und dann centrifugirt. Sie wird dadurch sehr rein und fast eiweissfrei. So peinlich beim Fluthen, wie in amerikanischen Fabriken, braucht man daher nicht zu sein, weil beim Centrifugiren die letzten Eiweissreste entfernt werden, und man kann mehr auf quantitative Leistung auf den Rinnen sehen.

In Amerika kannte man die Anwendung von Centrifugen bei meiner Anwesenheit nicht und sprach sogar abfällig von ihrer Verwendung. Jetzt scheint man aber doch nach mir gemachten Mittheilungen sich bekehrt zu haben, und geht an die Einführung derselben.

Alkaliarbeit ist in Deutschland nicht üblich. Es bleibt ja auch durchaus freigestellt, die Stärke zuletzt noch mit Alkali zu behandeln.

Die Trockeneinrichtungen sind in Amerika sehr einfacher Art und meiner Ansicht nach nicht rationell (mit Ausnahme der in Oswego), weil offenbar eine grosse Wärmeverschwendung durch die mangelhafte Einrichtung stattfindet und sehr grosse Räume erforderlich sind. Trocknen auf Tüchern ohne Ende fand ich in Amerika nicht vor.

Zweckmässig für die Grossbetriebe erscheint das Trennen der verschieden grossen Stücke durch Siebe. Auch kann man den deutschen Fabrikanten wohl anrathen, in Bezug auf die äussere Ausstattung in der Verpackung sich die amerikanischen Betriebe zum Muster zu nehmen, denn Kleider machen nicht nur Menschen, sondern auch Fabrikate.

Im Ganzen betrachtet kann man wohl sagen, dass die amerikanische Maisstärkefabrikation durch Grossartigkeit der Anlagen die deutsche weit überflügelt, dass dagegen die deutsche eine viel feiner und vielseitiger durchgebildete Technik besitzt. Das spricht sich schliesslich auch in dem Fabrikat aus, denn die Mehrzahl der amerikanischen Stärken hat eine zart gelbliche, nicht aber die rein weisse Farbe des deutschen Fabrikates, und letzteres ist meist grossstückiger und fester. Eine besonders feine Waare nach dieser Richtung liefert von amerikanischen Fabriken Oswego.

Die Kartoffelstärkefabrikation.

Der Kartoffelbau der Vereinigten Staaten von Amerika steht weit hinter dem des Deutschen Reiches zurück. Während letzteres eine durchschnittliche Ernte von 250000000 D.Ctr. aufweist, betrug die mittlere Ernte in den Vereinigten Staaten nach dem Censusbericht von 1890 nur 217500000 Bushels[1]) je zu 60 Pfund oder rund 60000000 D.Ctr.

---

[1]) Irish potatoes entsprechend unseren Kartoffelknollen. Daneben werden in Amerika noch 44000000 Bushels der zu Speisezwecken verwandten sweet potatoes = Bataten geerntet.

Dem entsprechend gering ist auch die Kartoffelstärke-produktion der Vereinigten Staaten. Nach übereinstimmenden Mittheilungen aus ganz verschiedener Quelle beträgt dieselbe 12—15000 tons oder 120000—150000 D.Ctr. im Jahre, im höchsten Falle aber 180000 D.Ctr. im Jahre.

Der Hauptsitz der Kartoffelstärkeproduktion sind die nordöstlichen Staaten Maine (mit 65 000 D.Ctr. Stärkeproduktion) und New-York. Es sollen aber neuerdings auch im Westen, und zwar in den Staaten Minnesota, Michigan, Wisconsin, Jowa und Dacota mehrfach Kartoffelstärkefabriken entstanden und im Entstehen begriffen sein, auf welche grosse Hoffnungen gebaut wurden. Es war mir jedoch nicht möglich, eine sichere Nachricht zu erhalten, wo sich solche Fabriken im Westen befanden.

Es ist das um so weniger auffällig, als diese Betriebe meist ganz kleine, im flachen Lande weit zerstreute sind, welche nur einzelnen Händlern bekannt sind[1]), welche die Namen ungern hergeben. Ein Verzeichniss der Stärkefabriken — wie wir es in Deutschland besitzen — ist aber in Nordamerika nicht vorhanden.

Auch die Kartoffelstärkefabriken im Nordosten sind meist nur ganz kleine Betriebe und liegen weit zerstreut. Einzelne grössere verarbeiten täglich bis zu 3000 Bushel oder 820 D.Ctr., meist aber werden nicht mehr als 100 bis 200 D.Ctr. in 12 Stunden bei Tagarbeit gerieben

Die Anzahl der Fabriken ist etwa 65 bis 70, von denen aber etwa 20 ausser Betrieb sind, weil sie nicht auf ihre Kosten kommen.

Gearbeitet wird in den Fabriken höchstens 2—3 Monate (September-December) gleich nach der Ernte.

Die Kartoffeln, welche zur Fabrikation verwendet werden, sind meist geringwerthig, einmal, weil sie an und für sich stärkearm sind und selten mehr wie 14—17% Stärke enthalten,

------

[1]) Verschiedene mit der Stärkefabrikation im Allgemeinen gut vertraute Persönlichkeiten wussten von ihrer Existenz überhaupt nichts.

und ferner, weil der Fabrikant nehmen muss, was er bekommen kann, und meist nur die von den grösseren und besseren Sorten, die als Esskartoffeln verkauft werden, ausgelesenen kleinen Knollen erhält. Die gangbarste Sorte ist eine Mittelkartoffel mit zarter Haut und von blassrother Farbe. Als beste Sorte wurde mir Burbank genannt.

Der Preis der Kartoffeln beträgt im Osten für Esskartoffeln für 1 barrel (160 Pfund) = 50 cts., für Fabrikkartoffeln 40—45 cts. oder für 1 D.Ctr. = 2,91 M., bezw. 2,35 bis 2,63 M., im Westen für Fabrikkartoffeln für 1 barrel = 60—75 cts. oder für 1 D.Ctr. = 3,50—4,37 M.

Die Ausbeute beträgt 8—10 Pfund vom Bushel (= 60 Pfund) oder 13—16,5%.

Das Produkt ist geringwerthig der Qualität nach dem deutschen gegenüber, es werden daher auch nicht unerhebliche Mengen Kartoffelstärke in Amerika importirt. Da die Kartoffelstärke in Amerika theurer ist als die Maisstärke, werden auch Gemische beider als Kartoffelstärke gehandelt.

Diese Erkundigungen über die Kartoffelstärkefabrikation in Amerika hatte ich in New York und Chicago, z. Thl. von einem Händler und einem Fabrikanten eingezogen, der selbst einen grossen Theil der Kartoffelstärke umsetzte, als mir mein früherer Reisegefährte, Herr Angele, welcher inzwischen einige der Kartoffelstärkefabriken in Maine besichtigt hatte, mittheilte, dass auch die technischen Verhältnisse derselben gegenüber den deutschen Fabriken sehr geringwerthig seien, und dass es weder Zeit noch Mühe lohne, die im Nordosten weit abgelegenen Betriebe zu besichtigen.

Ich gab daher den Besuch einer solchen Fabrik auf, zudem es sehr fraglich war, ob mir andere Fabriken als diejenigen, die er besichtigt hatte, Eintritt gewähren würden.

Die folgenden Mittheilungen über Kartoffelstärkefabriken verdanke ich daher der Liebenswürdigkeit des Herrn Angele, welcher mir dieselben zur Einfügung in diesen Bericht freundlichst überliess.

Die Kartoffeln werden zuerst gewaschen in einer aus Holz

gezimmerten Wäsche, die ungefähr $2\frac{1}{2}$ m lang und 80 cm breit ist. Der Rost ist wie gewöhnlich, an vielen Stellen auch aus Holzlatten hergestellt.

Auf der Welle sitzen etwa 8 Steinschläger, welche die Kartoffeln etwas rühren und von einer Seite nach der anderen transportiren. Die Wäsche besteht nur aus einem einzigen Bassin ohne Zwischenwände und wäscht daher nur sehr ungenügend.

Von der Wäsche fallen die Kartoffeln, da sie hoch steht, durch eine mit Rostboden versehene Rinne in die Reibe. Die Reibe ist eine Raspelsieb-Reibe. Dieselbe hat meist einen Durchmesser von 60 cm und eine Länge von 80—90 cm (!). Sie besteht aus einer abgedrehten Holztrommel, auf welcher stählerne Reibebleche aufgenagelt sind, die, wenn sie stumpf sind, fortgeworfen werden. Das Anpressen der Kartoffel an die Reibe geschieht durch ein Holzbohlenstück, welches mit Schrauben angestellt werden kann. Die Reibe macht nur 400 Umdrehungen in der Minute.

Der Brei fällt von der Reibe direkt auf ein unterhalb derselben befindliches Schüttelsieb, welches etwa 90 cm breit und 3 m lang ist. Dasselbe ist mit Messinggaze No. 60 benagelt und macht pro Minute 180 Doppelhube von 5 cm. Ueber dem Siebe ist allerdings eine Wasserbrause angebracht, aber dieselbe besprengt die ganze Fläche nur sehr mangelhaft. Die von dem Siebe abfallende Pülpe läuft in einer Holzrinne nach Aussen, während die Stärke-Milch durch eine Rinne direkt in die Absatz-Bassins geleitet wird, deren gewöhnlich nur drei vorhanden sind. Dieselben sind aus starken Hölzern zusammengefügt, und zwischen ihnen sind 2 viereckige Waschkästen mit Rührwerk eingebaut, so dass das Ueberwerfen der Stärke sehr bequem geht. Zwischen diesen beiden Waschkästen liegt noch ein Schlammquirl, so dass auch der Schlamm von den beiden Waschkästen sehr leicht in den Schlammquirl geworfen werden kann. Das Wasser aus den Absatzbassins, sowie auch aus den Waschkästen wird durch Stöpsel abgelassen.

Die gute Stärke wird meist nur ein Mal gewaschen, selten zwei Mal.

Der Schlamm aus dem mittleren Schlammquirl fliesst kontinuirlich in ein kleines Bassin, aus welchem eine liegende Centrifugalpumpe ihn in das oberste Stockwerk auf die Schlammrinnen pumpt. Diese bilden eine auf gemeinsamer Grundplatte hin und her gehende Rinne. Das Abwasser fliesst wieder in den Schlammquirl zurück, und es wird auf diese Weise kontinuirlich so lange gearbeitet, bis sich keine Stärke mehr absetzt (!!).

Die auf den Schlammrinnen abgesetzte Stärke wird ausgestochen, in daneben stehenden Waschbottichen gewaschen, und nach dem Absitzen abermals ausgestochen.

An arbeitenden Maschinen ist also nur die Wäsche, die Reibe, das Schüttelsieb (von der Reibe aus angetrieben), 4—5 Waschbottiche und die Schlammpumpe vorhanden. Die Wasserpumpe ist in den meisten Fällen eine direkt wirkende Dampfpumpe. Den Antrieb bewirkt eine Dampfmaschine. Die Kessel werden meistens mit Holz geheizt.

Die Trocknerei ist gewöhnlich in einem besonderen Gebäude untergebracht. Die feuchte Stärke wird in Kübeln über einen Uebergang hin nach der Trocknerei geschafft. Diese besitzt eine eigene kleine Dampfmaschine, welche einen Exhaustor treibt. Die Erwärmung der zugeführten Luft findet in einem besonderen Raum statt, welcher durch ein Röhrennetz mit direktem Dampf geheizt wird; derselbe befindet sich unten im Gebäude. Die eigentliche Trocknerei besteht aus drei über einander liegenden Räumen, deren Fussboden von Latten gebildet wird, welche im obersten Stockwerke 8 mm, im darunterliegenden 5 mm und in dem untersten 4 mm von einander abstehen. Unter dem letzten Lattenboden befindet sich ein dachförmig gestellter undurchlässiger Boden, auf dem die durchfallende Stärke nach beiden Seiten in Sammeltröge abgleitet. Zwischen diesem und dem untersten Lattenboden wird die heisse Luft in verzweigten, mit vielen Oeffnungen versehenen Röhren eingeführt und durch eben solche über dem obersten Lattenboden durch den Exhaustor abgesaugt, nachdem sie den ganzen Raum von unten nach oben durchstrichen hat.

Die feuchte Stärke wird auf den obersten Lattenboden aufgetragen und vertheilt, die grossen Stücke werden zerschlagen. Nach einigen Stunden rührt sie ein Arbeiter mit einem Rechen um, wobei die trocknere Stärke auf den zweiten Boden durchfällt. Hier wird sie nach mehreren Stunden wieder durchgerührt, wobei das Trockene nach dem dritten Boden und schliesslich auf den Dachboden nach den Sammeltrögen durchfällt. Von diesen aus wird die Stärke gesackt.

Die Trockendauer ist ca. 24 Stunden, und es muss also auch bei Nacht die Dampfmaschine für die Trockenstube, ebenso auch der Kessel für die Heizung im Betriebe sein.

Das Trocknen geschieht ziemlich ungleichmässig. Die verstaubte Stärke ist zu trocken und die in kleinen Stücken durchfallende im Innern noch feucht. Die Stärke bleibt daher, um gleichmässiger zu werden, einige Stunden in dem Sammeltroge liegen, ehe sie gesackt wird, und trocknet hierbei noch etwas nach. Die Feuchtigkeit der Stärke ist auf höchstens 17% zu schätzen.

Es wird überall nur Stärke fabricirt; eine Sichtmaschine fehlt. Die Stärke wird meist nach Boston an ein grosses Handelshaus verkauft. Letzteres mahlt und sichtet die Stärke und bringt sie als Mehl oder auch als Stärke in den Handel.

Arbeiter sind in einer solchen Fabrik beschäftigt: in der Stärkefabrik 5 Mann mit dem Heizer; in der Trocknerei bei Tage 3 Mann, ebenso auch bei Nacht 3 Mann. Der Lohn für solche Arbeiten ist pro Tag 5 M. Der Preis der Stärke war in diesem Jahre pro 100 kg = 24 M. incl. Sack.

Die Verwerthung von Fruchtwasser und Pülpe trifft man nirgends, sondern es werden diese Rückstände direkt in einen Wasserlauf geleitet. Gewöhnlich sind die Fabrikanlagen an einem grösseren Bache oder Flusse gelegen.

Aus dem Vorstehenden geht hervor, dass sowohl das Rohmaterial, als auch die Arbeitsweise und das Produkt

der Kartoffelstärkefabrikation weit hinter den deutschen zu-
rückstehen, und es erklärt sich daher, dass trotz des hohen
Zolles von 1½ ct. für 1 Pfund oder von 13,90 M. auf 100 kg 14 bis
15000 D.Ctr. zumeist aus Deutschland in Amerika eingeführt
werden.

Die Weizenstärkefabrikation.

Die Weizenstärkefabrikation tritt, wie in Deutschland gegen
die Kartoffelstärkefabrikation, so in Amerika gegen die Maisstärkefabrikation weit zurück. Zur Zeit meiner Anwesenheit
war von den wenigen Fabriken, welche Weizenstärke produciren sollen, nur eine einzige in Betrieb, die Wm. Barnett Wheat
Starch Manufactury bei Philadelphia. Ein Versuch, Einlass in
dieselbe zu bekommen, schlug vollkommen fehl, das Einzige,
was ich erfahren konnte, war die Angabe, dass die Menge der
in Amerika producirten Weizenstärke auf $\frac{1}{5}$ der Maisstärke-
menge zu schätzen sei, und diese Angabe muss ich als viel zu
hoch gegriffen ansehen. Interessant war der Umstand, dass
bei dem plötzlichen und sehr weit gehenden Steigen der Maispreise im Herbste 1894 kurze Zeit hindurch Weizen etwas
billiger wurde als Mais, sodass man schon in Maisstärkefabriken
zu erwägen begann, ob man nicht Weizen verarbeiten müsse.
Fragen über die Art der Fabrikation, auch nur ob Sauer- oder
Süssverfahren, über Preise u. s. w. wurden ausweichend beant-
wortet. Nur eine Probe des Fabrikates konnte ich erlangen,
welches Vorzüge vor den unsrigen nicht besitzt.

Die Dextrinfabrikation.

Die Dextrinfabrikation ist nach Krieger erst im Jahre 1887
in den Vereinigten Staaten eingeführt, früher wurde alles Dextrin importirt. Dextrin wird jetzt dort lediglich aus Maisstärke in 4 Fabriken erzeugt. Diese sind:

Dr. Firmenich, Marshalltown, Ill.
Chas. Pope & Co., Geneva, Ill.
Stein, Hirsch & Co., Chicago, Ill.
Sugar Refining Co., Chicago, Ill.

Die Gesammtproduktion derselben ist schwer zu schätzen, da sie nicht ständig Dextrin arbeiten, sondern zeitweilig den Betrieb für diese Waare einstellen und Glucose fabriciren. Ich habe sie nach Schätzungen auf 20—50000 D.Ctr., d. h. auf den 7. bis 4. Theil der deutschen Produktion angegeben (s. S. 6). Doch scheint der Rückgang der Dextrin-Einfuhr nach Amerika in den Jahren 1890—1893 darauf hinzudeuten, dass die Produktion sich in Amerika vermehrt. Früher hat auch die nunmehr abgebrannte Fabrik in Buffalo Dextrin gearbeitet.

Es werden in Amerika vier Sorten von Maisdextrin hergestellt:

> Weisses Dextrin,
> gelbes Dextrin,
> British gum,
> American gum.

Das weisse Dextrin oder Dextrine A. der Chicago Sugar Refining Co. ist nicht rein weiss, wie das deutsche weisse Kartoffeldextrin, sondern hat einen Stich ins Gelbliche, es soll in der Klebfähigkeit das letztere nicht ganz erreichen.

Das gelbe Dextrin, Dextrine B., ist hellgelb von Farbe.

Das British gum entspricht unserem Röstgummi oder Leiogomme, das Fabrikat der Chicago Sug. Ref. Co. ist aber heller als das deutsche, fast so hell wie Dextrine B.

Das American gum, raffinirte oder krystallisirte Dextrin, ist farblos, glasartige an den Bruchflächen glänzende linsengrosse Stücke bildend.

Die Maisdextrine haben vor den Kartoffeldextrinen den Vorzug der Geruchlosigkeit, sie sind meist von gleicher Klebfähigkeit und Ausgiebigkeit, haben aber dem Kartoffeldextrin gegenüber den Nachtheil, dass sie sich nicht so vollständig und klar in Wasser lösen wie dieses. Es rührt das von Eiweiss- und Oelresten aus dem Maiskorn her.

Den Betrieb einer Dextrinfabrik zu sehen, hatte ich keine Gelegenheit, weil zur Zeit meiner Anwesenheit nur die unzugängliche Sugar Ref. Co. solches herstellte. Ich muss mich daher hier darauf beschränken, nach den Angaben Krieger's in abgekürzter Form die Darstellungsweise der Vollständigkeit halber einzufügen, und verweise hinsichtlich der Einzelheiten auf dessen Bericht.

Das Verdienst, die Fabrikation von Dextrin aus Maisstärke in den Vereinigten Staaten eingeführt zu haben, gebührt Dr. Krieger. Er hat die alte mangelhafte Methode der Herstellung von Dextrin im Oelbade verlassen und ein Verfahren eingeschlagen, welches darin besteht, dass die nach saurem Process gewonnene Stärke für Herstellung von British gum direkt, zur Herstellung von Dextrinen nach dem Imprägniren mit Salpetersäure (400 ccm auf 120 kg Stärke) durch einen Zerstäubungsapparat auf Bleche mit aufgekipptem Rande etwa $2\frac{1}{2}$ cm hoch gefüllt wird, und dann in einem Raume, der mittelst Dampfrohrleitung auf etwa 150° C. erhitzt werden kann, für British gum 24 bis 48 Stunden erhitzt wird, für weisses Dextrin 2 Stunden, für lichtgelbes 4 Stunden, für dunkelgelbes 15 Stunden. Nach Verlauf der Hälfte der Erhitzungsdauer werden die Bleche umgestellt. Maisdextrinstaub ist explosibel, und daher grösste Vorsicht mit Licht und Feuer erforderlich.

Das raffinirte oder krystallisirte Dextrin, das American gum, wird hergestellt, indem weisses Maisdextrin in Wasser zu einer Lösung von 20° Bé. gelöst wird, und diese erst für sich und dann heiss über Knochenkohle filtrirt, zur Syrupdicke eingekocht, und die Masse auf glatt gewebtem, in Holzrahmen eingespanntem Baumwollenzeug aufgetragen und in staubfreien Räumen getrocknet wird, bis sie brüchig geworden ist.

Die Anwendung überhitzten Dampfes für die Dextrinfabrikation ist von Richard Lehmann in Dresden[1]) schon 1881 in Deutschland eingeführt, aber seit Ende der achtziger Jahre schon wieder der von demselben angewandten zweckmässigeren Heisswasserheizung[2]) gewichen. Auch ist die Arbeit nach dem

---

[1]) v. Wagner, Die Stärkefabrikation, Braunschweig, Vieweg & Sohn. 1886. S. 680.

[2]) Zeitschrift für Spiritusindustrie 1889. No. 6. S. 32.

Lehmann'schen Verfahren in runden Röstpfannen mit Rührwerk zweifellos eine technisch besser ausgebildete als diejenige des Röstens in umzustellenden Blechkästen, welche in Deutschland auch längst verlassen ist.

Auch das Imprägniren der trockenen Stärke durch einen Zerstäuber ist in Deutschland längst bekannt, und es erhielt Th. Blumenthal schon im Februar 1880 darauf die D.R.P. Kl. 6 No. 10593 und 11120.

Auch der Krystallgummi ist bekannt[1]), findet aber nur geringe Verwendung.

Wesentlich Neues bietet die amerikanische Dextrinfabrikation also nicht.

Die Stärkezucker- und Stärkesyrup-Fabrikation.

Von den 14 in Amerika in letzter Zeit noch befindlichen Betrieben für Herstellung von Stärkezucker (grape-sugar) und Stärkesyrup (glucose) arbeiteten bei meiner Anwesenheit in den Vereinigten Staaten nur 7 Betriebe. Vier der grossen American Glucose Co. gehörige Fabriken waren ausser Betrieb, Buffalo abgebrannt, dafür war aber der Betrieb der derselben Gesellschaft gehörigen Fabrik in Peoria Ill. vergrössert. Es standen ferner Venice Ill. und Waukegan Wis.

Die Hauptmenge der Produktion ist jedenfalls Stärkesyrup, da ein Theil der Fabriken überhaupt nur solchen herstellt, während der feste Stärkezucker und die besonderen amerikanischen Abarten desselben dagegen zurücktreten und theilweise nur von einzelnen Fabriken hergestellt werden. Bestimmte Zahlenverhältnisse zwischen beiden kann ich für Amerika nicht angeben, da ich solche nicht auffinden konnte, während die deutsche Statistik beide trennt, sodass sich feststellen lässt, dass die Syrupmenge (ausschliesslich Zuckercouleur), einzelne Schwankungen ausgenommen, vom Jahre 1884 zu 1894 von 64% bis auf 77% der Gesammtproduktion gestiegen ist. Es

---

[1]) Birnbaum, Kurzes Lehrbuch der landw. Gewerbe. I. Th.. Die Fabrikation der Stärke, des Dextrins u. s. w. S. 185.

ist also auch in Deutschland die Syrupsproduktion höher als diejenige von festem Zucker.

Obwohl erst seit den Jahren 1879 und 1880 in grösserem Maassstabe eingeführt, hat sich die Fabrikation des Stärkezuckers und Stärkesyrups in Amerika doch so kräftig entwickelt, dass sie jetzt die an Alter ihr voranstehende deutsche Industrie dieser Produkte um etwa das Siebenfache der Leistungsfähigkeit übertrifft.

Es waren zur Zeit meiner Anwesenheit in Betrieb und hatten eine tägliche Leistungsfähigkeit an Stärkezucker und Syrup:

1. Sugar Refining Co., Chicage, Ill. . . . . . . 3000 D.Ctr.
2. Syrup Refining Co., Davenport, Ja 1050   -
3. Chas. Pope Glucose Co., Geneva Ill. 1800   -
4. Duryea, Glen Cove L.J.N.Y 1050   -
5. Firmenich, Marshalltown, Ill. 1200   -
6. American Glucose Co., Peoria Ill. 2400   -
7. Grape Sugar Co., Peoria Ill. 1500   -

Tägliche Gesammtleistung 12000 D.Ctr.

Ausser Betrieb waren:

American Glucose Co. ⎰ Buffalo, N. Y. (abgebrannt)
                  Jowa City, Ja.
                  Kansas City, Mo.
                  Leavenworth, Kans.
                  Tippecanoe, O.

Chas. Pope Glucose Co., Venice, Ill.
Sugar Refining Co., Waukegan, Wis.

Die in Amerika producirten Stärkesyrupe und Zuckerarten sind die folgenden.

Stärkesyrupe. 1. Gewöhnliche Arten:

Mixing glucose = deutschem Syrup von 42° Bé,

Jelly glucose (Syrup von 43° Bé),

Confectioners glucose = Capillärsyrup von 44° Bé.

2. Besondere Arten: Brewers glucose,

Brewers extract.

Mixing glucose (Mischsyrup) dient zur Herstellung des „syrup“ der Amerikaner, d. h. einer Mischung von Stärkesyrup mit den Rückständen der Fabrikation des Zuckers aus Zuckerrohr, der molasses, oder zur Vermischung mit Ahornsyrup (maple syrup);

Jelly glucose (Geleesyrup) wird bei der Bereitung der Apfelkreuden oder Gelees verwandt.

Confectioners glucose (Zuckerbäckersyrup) wird von den Zuckerbäckern zur Herstellung von Süssigkeiten, Bonbons (candies) u. A. m. benutzt.

Diese Stärkesyrupe werden auch als Surrogat in der Brauerei gebraucht, und es sind die beiden besonders genannten Brauersyrupe die Produkte nur einer Fabrik.

Feste Stärkezucker. 1. Gewöhnliche: führen den Namen grape sugar[1]) oder ebenfalls glucose (dann wird Syrup als liquid glucose bezeichnet). Sie kommen vor

in cakes = Kistenzucker

in chips oder shaved = geraspeltem Zucker und entsprechenden deutschen Produkten.

2. Besondere Arten:

Anhydrous sugar = Dextroseanhydrid oder krystallisirter Traubenzucker und

Climax sugar (4 Arten).

Herstellung von gewöhnlichem Stärkesyrup und Stärkezucker.

Die Art der Herstellung der gewöhnlichen Massenprodukte der Mixing, Jelly und Confectioners Glucose, sowie der gewöhnlichen Stärkezuckerarten ist im Wesentlichen dieselbe, wie die der verwandten oder gleichen Produkte in Deutschland, und in den verschiedenen Fabriken eine ziemlich gleichartige.

------

[1]) Die Chicago Sugar Refining Co. nennt ihr Produkt „70 oder Brewer's sugar (Brauerzucker)“.

Das Rohprodukt bildet stets Maisstärke, und zwar die grüne Stärke, wie sie von den Rinnen (tables) ausgestochen wird. Je reiner dieselbe hergestellt wurde, um so besser wird auch das aus ihr hergestellte Produkt.

Die Verzuckerung geschieht für Syrup mit Salzsäure oder Schwefelsäure, für Zucker mit Schwefelsäure, meist wohl in geschlossenen kupfernen Convertoren unter Druck, doch berichtet Krieger auch von einer grossen Fabrik, in welcher Quantitäten von 11000 kg Stärke auf ein Mal in offenen Bottichen gekocht werden.

Die Verwendung anderer Säuren in den amerikanischen Fabriken war keinem meiner, mit den Verhältnissen derselben genau vertrauten Gewährsmänner bekannt. Oxalsäure, welche in Frankreich vielfach Verwendung finden soll und auch in Deutschland angewandt worden ist, wird in Amerika nicht benutzt, und mit schwefliger Säure ist nur einmal versuchsweise gearbeitet worden.

Die Bezeichnung der Grädigkeit weicht in Amerika von der in Deutschland üblichen ab. Die amerikanischen Glucosefabriken haben sich dahin geeinigt, die Grädigkeit nach Graden Baumé bezogen auf eine Temperatur von 100^0 F. ($= 37{,}8^0$ C. oder $= 30{,}2^0$ R.) anzugeben. Die Abweichung gegen die deutschen Grade bei 14^0 R. beträgt daher etwa 1^0 Bé, sodass die Mixing Glucose mit $39 - 41^0$ Bé amerikanisch $= 40 - 42^0$ Bé deutsch, und die Confectioners Glucose mit 43^0 Bé amerikanisch $= 44^0$ Bé deutsch zeigt. Letztere soll bisweilen auch auf 44^0 Bé amerikanisch $= 45^0$ Bé deutsch eingedickt werden.

Syrupkocherei.

Gewöhnlicher Syrup oder Mixing Glucose. In den Fabriken, welche ich zu sehen Gelegenheit hatte, wurde mit Salzsäure gekocht, wie es auch in Deutschland jetzt meist geschieht, weil dabei die Fabrikation durch Wegfall der Fortschaffung des Gypses vereinfacht wird.

Die ausgestochene Stärke wird in Rührquirlen mit Wasser, dem die Hälfte der zu verwendenden Säuremenge zugesetzt ist,

zu einer Milch von 22—24° Bé (21,5° Bé entsprechen 37 %
wasserfreier Stärke) angerührt. Die Stärkemilch läuft zu dem
mit der anderen Hälfte der Säure und etwas Maischwasser be-
schickten kupfernen Convertor bei offenem Ventil oder wird
in denselben hineingepumpt, wobei sie gleich unter Druck zu-
gelassen werden kann.

Um die Convertoren möglichst kurze Zeit zu benutzen
und also möglichst grosse Mengen in einer beschränkten Anzahl von Convertoren bewältigen zu können, wird auch so
verfahren, dass in Vorkochern von Holz mit Kupferschlange
die Stärke mit der ganzen Säuremenge verflüssigt und dann
schnell durch ein verhältnissmässig weites (15 cm) Rohr in den
Convertor gelassen und mit reichlichem Dampf schnell ange-
heizt wird. Die Maische bleibt dann unter einem Druck von
$2-2\frac{1}{3}$ atm. bis zur rothen Jodraktion stehen (20—30 Minuten).
Es muss dann die Flüssigkeit einen Quotienten von 50 %
haben, d. h. die aus der Kupferreduktion bestimmte Dextrose-
menge muss 50 % der nach Graden Brix oder Balling bestimmten Menge an Trockensubstanz besitzen. Jedenfalls darf
sie 53 % nicht überschreiten, da sonst leicht Krystallisation
eintritt.

Die Convertoren sind gewöhnlich stehende, doch haben
einzelne Fabriken noch liegende.

Die Menge der angewendeten Säure beträgt $\frac{3}{4}$ Th. concentrirter Salzsäure auf 100 Th. trockener Stärke.

Gewöhnliche Convertoren fassen etwa 8000 kg grüner
Stärke mit 45 % Wasser.

Die Maische wird dann in Neutralisationsbottiche gedrückt
oder abgelassen, in denen die Maische durch Rührwerk oder
comprimirte Luft in Bewegung gehalten wird. Sie wird hier
mit Soda fast neutralisirt. Um ein Nachdunkeln des Syrups
zu verhüten, soll es vortheilhaft sein, nur soweit zu neutralisiren, dass die übrigbleibende Säuremenge in 100 cc Saft
3—4 cc einer Schwefelsäure entspricht, welche im Liter 10 g
SO_4H_2 enthält.

Bei der Verarbeitung von Maisstärke soll es auch vortheilhafter sein, nicht Soda allein zu verwenden, sondern erst einen Theil der Säure mit kohlensaurem Kalk (Marmorpulver, da Kreide fehlt), und dann den Rest mit Soda zu neutralisiren, und zwar im Verhältniss von 1 Th. Marmor zu 4 Th. Soda (calcinirt), da dadurch Eiweisstrübungen im Syrup leichter vermieden werden, die Scheidung des Schlammes schneller erfolgt, und der Saft schöner durch die Kohle läuft.

Der Wrasenfang über den Neutralisationsbottichen ist ganz von Holz. Die Bretter durch Falze in einander gefügt und Verbindeisen nur an der Aussenseite angebracht, wodurch Rosten derselben und Abtropfen von eisenhaltigem Wasser in die Maische vermieden wird. In Deutschland nimmt man verzinntes Eisenblech.

Auf dem Saft scheidet sich eine grünliche, fettige Schlammschicht ab (Maisöl u. A.). Der Saft wird abgezogen, und er sowohl als der Schlamm in Filterpressen abgepresst. Er hat dann 14—15° Bé (19—20° Bé bei 100° F.).

Der Saft wird durch Filterpressen und über Knochenkohle-Filter geschickt. Die Knochenkohle ist feiner gesiebt, als dies in Deutschland gewöhnlich geschieht, und wirkt daher durch grössere Oberfläche stärker. Ueber dieselbe ist vor dem Dünnsaft schon Dicksaft gegangen.

Der filtrirte Saft wird nun entweder in einem Yaryan-Verdampf-Apparat oder einem anderen auf 23° Bé concentrirt und dann in einem Robert'schen Verdampfapparat, oder überhaupt von vornherein in diesem oder in einem Vacuum auf 30° Bé eingedickt.

Dieser Dicksaft geht über Filterpressen oder direkt auf Kohlefilter, welche Besonderheiten gegenüber den in Deutschland üblichen nicht aufweisen.

In einigen Fabriken wird dreimal über Kohle filtrirt, und zwar geht dann der 30°-Saft nach der ersten Filtration nochmals über frisch regenerirte Kohle, ehe er völlig eingedickt wird. Die Anordnung ist dann so, dass, wenn z. B. eine Batterie Filter frisch mit Kohle befüllt ist, über dieselbe läuft 1) 30°-Saft zum letzten Mal vor dem Eindicken, 2) 30°-Saft

zum ersten Mal über Kohle gehend und eben auf 30° eingedickt, 3) Dünnsaft.

Der Saft wird dann im Vacuum auf 39—41° Bé (40—42° Bé
deutsch) eingedickt.

Dem Syrup wird im Vacuum auch vielfach doppeltschwefligsaures Natron oder doppeltschwefligsaurer Kalk in
geringer Menge zugesetzt, um Gelbfärbungen aufzuheben.
Doch wird dieser Zusatz nicht allgemein als nöthig angesehen,
da er bei Säften, die weiss kochen, unnöthig, bei gelb-
kochenden oft aber nur von geringer Wirkung ist. Jedenfalls
ist aber ein doppeltschwefligsaures Salz dem Zusatz von freier
schwefliger Säure vorzuziehen, weil diese allein zu schnell
entweicht.

Den schwefligsauren Kalk stellen sich manche Fabriken
selbst her, indem von der zum Quellen des Maises benutzten
wässrigen schwefligen Säure ein Theil mit Dampf ausgekocht,
in Bronzeschlangen gekühlt und in Kalkmilch geleitet wird,
wobei eine Lösung von etwa 7,5° Bé entsteht.

Capillärsyrup oder Confectioners Glucose. Dieser
dickflüssige Syrup muss mit besonderer Sorgfalt hergestellt
werden, da die Ansprüche der Hauptabnehmer, der Zuckerbäcker (confectioners oder candymakers), sehr hohe sind.
Er wird daher auch nicht in allen Fabriken gleich gut hergestellt.

Zunächst muss die Stärke, die zu dieser Glucoseart verwendet werden soll, sehr rein sein, und es wird daher gern
zweimal gefluthete Stärke (retabled starch) dazu genommen.

Ferner wird niedriger verzuckert, die Conversion also
unterbrochen, wenn Jodlösung noch etwas dunklere Färbung
giebt als bei der 42° Glucose. Der Quotient darf höchstens
46—48% betragen, da höher convertirte Waare mit Rohrzucker vermischt, den Zuckerbäckern schmierig zerlaufende
Waare liefert.

Nach Krieger müssen auch die beste Knochenkohle
und kupferne Gefässe, um Eisen fern zu halten, Verwendung
finden.

Derselbe giebt für Herstellung der Confectioners Glucose noch folgende besondere Vorschrift: Es wird eine Stärkemilch von 15° Bé. (also dünner wie oben) mit 1½ Pfund Schwefelsäure und 0,07 Pfund Salpetersäure auf 100 Pfund trockne Stärke convertrirt. Auch werden beim Eindicken grössere Mengen doppeltschwefligsaurer Salze zugegeben, damit die Glucose die Probe der Zuckerbäcker (confectioners test, s. S. 72) besser besteht.

Kühlen des Syrups. Ein wichtiger Punkt bei der Herstellung des Stärke-Syrups, dessen Beobachtung wesentlich für das Hell- und Farblosbleiben desselben ist, also einem Nachdunkeln vorbeugen soll, ist das sofortige Kühlen desselben, nachdem sie im Vacuum fertig eingedickt sind. Dasselbe findet auf Rieselkühlern oder gewöhnlich in besonderen Kühlgefässen (coolers) statt. Es sind das runde, cylindrische Gefässe, welche im Innern ein System von kupfernen Kühlschlangen haben, so zwar, dass eine Schlange in der Nähe der Wandung der Kühlbütte an dieser hinaufgeht, während eine andere mit doppelter Windung in der Mitte des Gefässes angebracht ist. Der Boden des Gefässes ist kegelförmig zugespitzt und mit Ablasshähnen versehen. In dem Kegel befindet sich ein schnell gehendes Flügelrad, welches die Flüssigkeit in Bewegung hält.

Die fertige Glucose wird vom Kühler direkt in Fässer von 600—630 Pfund oder rund 280 bis 290 kg Gehalt abgezogen. Dieselben sind von Fichtenholz mit Holz- oder Eisenbändern.

Herstellung des gewöhnlichen festen Stärkezuckers.

Die Herstellung des gewöhnlichen festen Stärkezuckers entspricht der in Deutschland üblichen Art und Weise. Es wird mit dem Doppelten an Säure und längere Zeit, bis zum Verschwinden der Dextrinreaktion bei der Alkoholprobe gekocht. Krieger giebt für hoch convertirten Stärkezucker folgende Mengenverhältnisse an: „Zu Stärkemilch von 11° Bé werden 2¾% Schwefelsäure (2¾ Pfund auf je 100 Pfund trockener Stärke) gegeben und in kupfernem Convertor unter einem Druck von

40 Pfund (= $2^3/_4$ Atm.) 10 Minuten länger erhitzt, als die Probe mit 95 %igem Alkohol das Verschwinden des Dextrins anzeigt. Die Conversion wird mit Kalk neutralisirt, filtrirt, mit Knochenkohle behandelt und auf 43° Bé (bei 120° F. = 40° R., d. i. Pfannenhitze, gemessen) eingedickt. Vor dem Ausfüllen in Pfannen wird der Zucker mit 1 % „Saat" versetzt und bis zum eben beginnenden Trübwerden[1]) gerührt. Die „Saat" ist in diesem Falle guter, reiner, harter, feingeschabter Zucker aus einer vorhergehenden Partie, und das Eintragen der Saat hat den Zweck, den Zucker schneller zur Krystallisation anzuregen, damit der Zucker recht hart und fest wird, was innerhalb von 3 Tagen der Fall sein muss".

Der Zucker wird in Pfannen, Kisten oder dünnwandigen Fässern (von 300 Pfund) zum Erstarren gebracht. Auf Wunsch der Consumenten wird der Zucker auch geschabt oder in „chips" verwandelt. Zu ersterem Zwecke werden die aus den Pfannen geschlagenen Zuckerblöcke in einen stehenden Cylinder gebracht, auf dessen drehbarem Boden stellbare Messer angebracht sind, welche von den Zuckerblöcken dünne Blättchen abschneiden, die leicht in kleine Stücke zerfallen.

Die Maschine zur Herstellung der „chips" besteht nach Krieger aus einer Welle, auf welcher meisselartige Messer sitzen von der Grösse eines Fingers. Die Schneiden an den Enden der Messer sind halbrund. Der Kuchen wird durch die Maschine ruckweise geschoben, und die Messer meisseln den Zucker in den gewünschten, etwas ausgehöhlten Stücken ab. Die nicht zerhackten Enden der Kuchen, sowie die zu grossen Stücke werden beim nächsten Ausfüllen in Pfannen gedrückt und erstarren mit der Füllmasse zu neuen Kuchen, welche von der Maschine besser verarbeitet werden als kleine Stücke.

Die „chips" haben das Aussehen von mit einem Löffel herausgestochenen Stücken. Die Form ist beliebt, weil diese Stücke sich leichter in Wasser lösen, indem sie sich nicht ineinander lagern können.

---

[1]) Bei zu langem Rühren erstarrt der Zucker im Kühler und macht das Ausfüllen in Pfannen unmöglich.

Der geschabte und der Zucker in „chips" werden in doppelten Jutesäcken von 112 Pfund (= 50,9 kg) in den Handel gebracht.

Kohle-Wiederbelebung. Die gebrauchte Kohle wird zunächst, um sie besser transportiren zu können, schon im Fallschacht mit Wasser gemischt, dann mit heissem Wasser bezw. nach vorherigem Kochen mit Salzsäure, über einem Schüttelsieb gewaschen (es kann dazu das heisse Abfallwasser von den Vacuumpfannen benutzt werden) und kommt dann direkt in die Retorten oder wird zweckmässiger vorher auf Vordarren getrocknet. Manche Techniker in Amerika sind der Ansicht, dass je mehr man mit der Kohle bei der Reinigung vornimmt, um so schlechter ihre Wirkung wird.

Die Retorten sind flache Gusseisen - Cylinder von etwa 300 : 75 mm Durchmesser und etwa 2,5 m Höhe, welche in einen Ofen in Reihen hintereinander eingehängt sind. Die Heizung geschieht von aussen durch Petroleumgebläse, welche eine Stichflamme in die Gänge zwischen die Retortenreihen senden. Die Gebläse sind Doppeltdüsen, in welche Petroleumrückstände und Luft hineingedrückt werden.

Die Kohle sinkt in den Cylindern continuirlich hinunter in gleich gestaltete Kühlcylinder von einfachem Eisenblech, von welchen sie unten durch Handarbeit oder mittelst einer mechanischen Vorrichtung fortdauernd entleert wird. Die letztere besteht aus hin- und hergehenden Schieberkasten, welche so eingerichtet sind, dass, während sie sich füllen, Luft nicht zu den Kühlcylindern eintreten kann.

Die Kohlen werden dann nach dem Einfüllen in die Filter zuerst mit salzsäurehaltigem Wasser (1 bis 2 Th. auf 1000 Th. Wasser) und dann mit Syrup gefüllt.

Die obere sehr schwammige Kohle wird vor der Wiederbelebung erst mit Sodalösung gewaschen, bis diese klar läuft.

Der feine Kohlenbrei, welcher beim Waschen durch das Schüttelsieb geht, wird in einem flachen Gefäss gesammelt, und der sich absetzende Kohlenschlamm, da er phosphorsäurereich ist, als Düngemittel verkauft.

Färben von Syrup und Zucker. Sowohl die Syrupe wie die festen Zucker erhalten, wenn sie nicht weiss genug ausfallen, einen Farbzusatz. Derselbe ist nach Krieger am besten eine gewisse Nuance von Violett, da Blau mit Gelb einen grünen Schein giebt. Nach mir von anderer Seite gemachten Mittheilungen wird bei zart gelbem Scheine eine Mischung von Anilinblau und Anilinviolett, bei gelberen Syrupen nur Violett benutzt.

Beurtheilung der Fabrikate.

Die Grädigkeit der Syrupe. Die Grädigkeit der Syrupe wird bei 140° F. (= 48° R. = 60° C.) gemessen. Kupfercylinder werden mit dem Syrup gefüllt und in kochendes Wasser gesetzt und darin belassen, bis das Wasser sich auf 137° F. abgekühlt hat. Dann hat der Syrup 140°. Die Spindel steht etwa 10 Minuten in dem warmen Wasser und wird nass in die Glucose eingetaucht. Die Ablesung bei 140° F. wird um 1° Bé. erhöht und giebt dann die richtige Anzeige bei 100° F., der vereinbarten Temperatur, an. Vor dem Spindeln wird mit einem Holzspatel der Schaum auf dem Syrup abgezogen.

Deutsche Grade bei 14° R. sind 1° höher als die amerikanischen.

Eisen im Stärkesyrup. Syrup, besonders der in der Brauerei verwandte, muss eisenfrei sein. Die englischen Brauer legen besonderen Werth darauf, da eisenhaltiger Syrup mit der Hopfengerbsäure Aenderungen der Farbe veranlasst.

Die Prüfung geschieht mit Schwefelammonium. Giebt dasselbe eine Dunkelfärbung, so ist wahrscheinlich im Kohlefilter eine Bakteriengährung (Milchsäure) vorhanden. Als Mittel dagegen wird Syrup kochend heiss durch das Filter geschickt.

Zuckerbäcker-Probe (Confectioners test) der Capillairsyrup wird schnell unter Umrühren auf 145° C. erhitzt und auf eine Marmorplatte oder weisses Papier ausgegossen. Die erstarrte Masse soll farblos oder höchstens zart gelb gefärbt sein. Bräunt oder trübt sie sich, so ist sie geringwerthig. Je höher die Temperatur ist, welche sie erträgt, ohne sich zu färben, um so höher wird sie bewerthet. Die Confectioners stellen darin sehr hohe Ansprüche an die Stärke-Syrupfabriken.

Aus dem Vorstehenden ist ersichtlich, dass bezüglich der Herstellung von gewöhnlichen Stärkesyrupen und Stärkezuckern im Allgemeinen wesentliche Unterschiede zwischen der deutschen und amerikanischen Industrie nicht bestehen. Dies hebt auch schon Krieger[1]) hervor. Einige Abweichungen von der deutschen Art der Stärkesyrup- und -zuckerherstellung ergeben sich aus dem Umstande, dass die Maisstärke meist nicht so rein ist, wie Kartoffelstärke, sondern noch gewisse Mengen von Eiweissstoffen, Oel u. s. w. enthält.

Besondere amerikanische Fabrikate.

Es sind nun noch eine Reihe von bestimmten Zucker- und Syruparten zu besprechen, welche einzig und allein in einer amerikanischen Fabrik, der Sugar Refining Co. in Chicago, hergestellt werden.

Es sind dies:

Anhydrous Sugar = Dextroseanhydrid,

Climax Sugars = hochfeine Zucker,

    a) White 80[2]) = weisser Achtziger,

    b) Special light Climax = hellgelber Zucker,

    c) Standard Climax = bräunlich gelber Zucker,

    d) Special Dark Climax = schwarzbrauner Zucker,

***** Confectioners Crystal-Glucose = Syrup von 45^0 Bé (mit nur 14 % Wasser),

Brewer's Extract = Syrup mit nur 30 % vergährbarem Zucker.

Daneben führt die Fabrik noch die den gewöhnlichen Fabrikaten entsprechenden

*** Confectioners' Crystal-Glucose = Capillairsyrup von 44^0 Bé bei 15^0 C.

70 Grape Sugar[2]) oder Brewers' Sugar = gewöhnlicher Stärkezucker (zart gelb).

---

[1]) S. dessen Abhandlung S. 26.

[2]) Die Zahl giebt die vergährbaren Procente an.

Die genannte Fabrik ist die bedeutendste der Vereinigten Staaten zur Zeit und steht unter der Leitung von Henry Matthiessen als Präsidenten und Dr. Weingärtner als leitendem Chemiker. Die Fabrik ist für Besucher völlig unzugänglich. Ich kann daher über eigene Erfahrungen in derselben nicht berichten, und ich entnehme die nachfolgenden Mittheilungen in grossen Zügen unter Einfügung persönlich erhaltener Angaben der Krieger'schen Abhandlung, indem ich hinsichtlich sehr vieler interessanter und wichtiger Einzelheiten auf diese selbst verweise.

Die Fabrik war ursprünglich eine Raffinerie für Rohrzucker. Im Beginn der 80er Jahre war der Rohrzucker in den Vereinigten Staaten mit einem Eingangszoll von 18,50 M. auf 100 kg belegt und daher sehr theuer. Es wurde daher namentlich im Westen ein weicher gelber, geringwerthiger Zucker verbraucht. Derselbe wurde von sogen. Zuckerraffinerien aufgekauft, mit Stärkezucker bis zu 25 % versetzt und dann billiger in den Handel gebracht, wobei grosse Summen verdient wurden.

Dies veranlasste eine wirkliche Zuckerraffinerie, der Herstellung von eigenem Stärkezucker näher zu treten, um die Mischung selber auszuführen.

Ihr Chemiker, Dr. Arno Behr, welcher die Stärkezuckerfabrikation einführen sollte, entdeckte dabei ein Verfahren, Dextrose-Anhydrid aus wässriger Lösung in Krystallform herzustellen[1]).

Dies reine Produkt verhielt sich nun beim Mischen mit Rohrzucker in sofern ganz anders, als es sich beim Auflösen gleichschnell mit dem Rohrzucker löste und nicht wie der zugemischte gewöhnliche Stärkezucker viel langsamer; so dass also seine Zumischung zu Rohrzucker viel schwerer zu erkennen war, als die des letzteren.

Daraufhin wurde die oben genannte Fabrik im Jahre

---

[1]) Behr erhielt 1882 auf sein Verfahren das deutsche Reichs-Patent Kl. 9 No. 21 401, welches aber seit 1885 erloschen ist.

1881 gegründet, um Dextrose in grossen Mengen zur Mischung mit Rohrzucker herzustellen.

Zwar liess sich nun technisch das Behr'sche Verfahren gut ausüben, aber die auf das Produkt gesetzten Hoffnungen erfüllten sich insofern nicht, als die Mischungen von Dextrosezucker und Rohrzucker beim Lagern fest wurden und so einen von dem verlangten weichen Zucker ganz verschiedenen Charakter annahmen. Es wurden dann auch die Zuckerpreise billiger und damit ein Verfälschen des Rohrzuckers nicht mehr lohnend.

Für das Dextroseanhydrid oder wie es kurz genannt wird den Anhydrous, musste nun ein anderes Absatzgebiet gesucht werden. Als solches fand sich zunächst die in den östlicheren Staaten blühende Weinfabrikation. Jedoch ist auch dieses Gebiet nunmehr fast ganz verschlossen, weil Californien den Markt daselbst mit reinen und billigen Weinen in solch grossen Mengen überschwemmt, dass die Weinfabrikation in jenen Gebieten kaum mit ihren Produkten concurriren kann. Wie mir mitgetheilt wurde, gilt guter Californiawein an Ort und Stelle 15—20 Pfennige für 1 Liter und wird z. B. in Chicago für rund 55 Pfennige verkauft (1 gallone = 3,8 Liter für 50 cts.).

Es bleibt hiernach als Absatzgebiet für den Anhydrous nur noch die Brauerei. Dort wird die Dextrose hauptsächlich zum Aufkräusen der Biere, bisweilen auch als Zumaischmaterial benutzt. In ersterem Falle wird eine Lösung von etwa 10^0 Balling benutzt, und etwa 10% vom Fassinhalt Kräusen gegeben. Als Zumaischmaterial kann seine Verwendung des relativ hohen Preises wegen keine sehr erhebliche sein, kosteten doch im September 1894 in Chicago 100 kg Anhydrous 32,30 M., dagegen 100 kg Malz nur 17,40 M.

Es ist daher die Produktion, welche nach Angabe des Erfinders früher etwa 40 000 Pfund am Tage betrug, nach neueren Angaben aus zuverlässiger Quelle auf 25 000 Pfund oder rund 110 D.Ctr. am Tage zurückgegangen, und ist also vorausgesetzt, dass wirklich an allen Arbeitstagen Dextrose fabricirt wird, auf nur 26 000 Doppelcentner im Jahre rund zu veranschlagen, d. h. auf etwa $^1/_{100}$ der Gesammtproduktion an Stärkezucker. Es geht daraus auch deutlich hervor, dass die in Deutschland viel verbreitete Annahme, der amerikanische Krystallzucker habe uns vom englischen Markte verdrängt, unhaltbar ist.

Es blieben nun bei der Herstellung des Anhydrous Sugar Rückstände, dunkel gefärbte Syrupe[1]), welche zunächst unverwerthbar waren. Ein Versuch durch abermaliges Kochen mit Säuren, Filtration über Kohle u. s. w. zur Erzielung grösserer Dextrosemengen, also zu besserer Ausbeute zu gelangen, erwies sich als nicht lohnend.

˙Es zeigte sich jedoch, dass diese Rückstände, in Formen ausgegossen, bald zu einem schmutzigbraunen Zucker erstarrten, welcher an den Bruchflächen jedoch nicht matt, wie der gewöhnliche Zucker, sondern von etwas krystallinischer Beschaffenheit war. Dieses Produkt wurde nun als Climax-Zucker in den Handel gebracht, fand aber anfangs so geringen Absatz, dass es zu 6,90 M., ja auch zu 4,60 M. für 100 kg verschleudert wurde, ohne trotzdem grosse Nachfrage zu haben.

Es fand sich aber später in England ein Absatzgebiet für dieses Produkt in den Porter- und Ale-Brauereien. Bald erwies sich dieses so ausgiebig, dass die Rückstände von der Herstellung des Anhydrous nicht mehr genügten, um den Bedarf zu decken. Es wurde nun Climax-Zucker direkt dargestellt, indem man Stärke wie für Anhydrousgewinnung kochte, aber den Rohsaft direkt eindickte und in Pfannen erstarren liess, ihn aber nicht ausschleuderte, sondern die festen Zuckerblöcke zu chips zerkleinerte und als Special Dark Climax in den Handel brachte. Die dunkle Farbe wird, wenn nöthig, durch Zusatz von Zuckercouleur erhöht. Es wurden dann auch hellgefärbte und weisse Climaxarten hergestellt und damit der englische Markt beschickt.

Die Art der Herstellung dieser Produkte ist nach Krieger's

---

[1]) Die Menge derselben beträgt nach früheren Angaben 50 %, doch soll sie neuerdings bis auf 20 % herabgesunken sein.

Angaben, welche mir von anderer, mit den Verhältnissen der Chicago Sugar Refining Co. wohl vertrauter Seite als auch zur Zeit noch vollständig zutreffend und sehr genau bezeichnet worden sind, kurz zusammengefasst[1]), die folgende.

Anhydrous Sugar. Die verwandte Stärkemilch enthält nur 16,5% Stärke und $1\frac{1}{2}$% der trockenen Stärke an Schwefelsäure (66°Bé). Gekocht wird $\frac{1}{2}$ Stunde bei 3 Atm. Ueberdruck. Die weitere Behandlung, Eindickung, Kohlefiltration u. s. w. weicht nicht von der gewöhnlichen Arbeitsweise ab. Der Saft wird zuletzt auf $41\frac{3}{8}$° Bé bei 80° C. eingedickt. Er wird dann gekühlt, mit 1% „Saat" gut gemischt und in besonders construirten und in besonderer Weise befüllten Krystallisirkästen zur Krystallisation bei 40° C. gebracht.

Wichtig ist, dass die „Saat" nur aus Dextrose-Anhydrid besteht und frei ist von Hydratkrystallen, was mikroskopisch festgestellt werden kann.

Die Krystallisation tritt gewöhnlich nach drei Tagen ein (oft sollen nach mir gemachten Mittheilungen 15 Stunden schon genügen). Sie muss sorgfältig überwacht werden, da bei zu schwacher Krystallisation eine zu geringe Ausbeute erzielt wird, bei zu starker die ganze Masse fest wird und sich nicht mehr durch Ausschleudern und Ausdecken reinigen lässt.

Ist die Krystallisation richtig verlaufen, so werden die Kästen in Centrifugen vertheilt, abgeschleudert und mit reiner concentrirter Zuckerlösung gedeckt, dazu ist $\frac{1}{2}$ bis 1 Stunde erforderlich.

Der Zucker wird dann aus den Formen herausgeschlagen, mit Walzen zerquetscht und in Fässer verpackt.

Er bildet eine leichte, weisse, krystallinische Masse, hat $\frac{3}{5}$ der Süssigkeit des Rohrzuckers und enthält bis zu 1% Wasser und Spuren Dextrin u. A.

Zur Herstellung der Climax-Zucker wird wie auf Anhydrous-Zucker gekocht und der Saft entweder mehr oder

---

[1]) Hinsichtlich der sehr ausführlichen Einzelheiten verweise ich auf das Original.

minder gut durch Kohlefiltration entfärbt, oder direkt, oder endlich unter Zusatz von Zuckercouleur auf $41\,^3/_8\,^0$ Bé eingedickt, mit $1\,\%$ „Anhydrid = Saat" gemischt, in Pfannen ausgegossen und zum Erstarren gebracht. Es werden die entstehenden festen Kuchen dann mit der schon oben näher beschriebenen Maschine (s. S. 70) zu chips zerkleinert.

Charakteristisch für die Climax-Zucker ist die krystallinische Bruchfläche und ein hoher Procentsatz ($80\,\%$) an vergährbarem Zucker, sowie der geringe Wassergehalt ($10\!-\!14\,\%$).

Die *****Confectioner's Glucose ist nur ein etwas höher concentrirter Capillärsyrup von 45^0 Bé (bei 15^0 C.).

Der Brewers' Extract ist eine neuere Erfindung von Dr. Weingärtner. Ueber die Herstellungsweise dieses Syrups konnte ich keine Nachrichten erhalten. Eine Untersuchung von A. Lasché in Chicago[1]) ergab, dass derselbe enthielt:

> $12,5\,\%$ Dextrose (durch S. apiculatus vergährbar),
> $8,5$ - Maltose (Vergährung mit Hefe Saaz),
> $\underline{8,2\text{ - } \text{Isomaltose (Vergährung mit Hefe Frohberg),}}$
> $29,2\,\%$ Vergährbare Substanz.

Nach anderen Mittheilungen wird dieser Syrup beim Stehen leicht blind, wie ich auch Gelegenheit hatte, an einer Probe selbst zu beobachten.

Ich muss hier einschalten, dass Versuche, aus Stärke Dextrose in Krystallform, also als reinen Zucker herzustellen, in Deutschland nicht nur vor der Entdeckung Dr. Behr's gemacht sind, sondern auch noch später in ausgedehntem Maasse unternommen worden sind.

Ich erinnere an die Verfahren von Soxhlet: D. R. P. No. 17465 vom 11. Oct. 1881, Neuerungen in der Raffination und der Darstellung von wasserfreiem Stärkezucker, und D. R. P. No. 17520 vom 10. Nov. 1881, Neuerungen in der Raffination und Krystallisation von Stärkezucker. Ferner ist zu erwähnen

---

[1]) Stenographischer Bericht der Verhandlungen der VI. Jahresconvention des Ver. Staaten Braumeister-Bundes 11.—14. IX. 1893 in Chicago. S. 40.

das Verfahren von L. Virneisel, D. R. P. No. 21 749 vom 16. August 1882, Verfahren zur Darstellung von Stärkezuckerhydrat.

Versuche im Grossen haben besonders auch angestellt vor Allen von Sydow in Dobberphul bei Rufen N./M., welcher grössere Mengen Dextroseanhydrid fabricirt hat, bis die Fabrik abbrannte; ferner die Stärkefabrik, Ortrand, Friedrici & Gerschel in Wriezen, und endlich hat in neuester Zeit die Export- und Lagerhaus-Gesellschaft vorm. J. Ferd. Nagel in Hamburg in der Quedlinburger Zuckerfabrik grosse Mengen Dextrosehydrat dargestellt und auch einen grossen Theil davon in den Handel gebracht.

Wenn in Deutschland trotzdem die Dextrose-Fabrikation noch nicht festen Fuss gefasst hat, so ist die Ursache nicht in der technischen Unvollkommenheit unserer Industrie zu suchen — denn dass sie Dextrose, sowohl Anhydrid, wie auch Hydrat, im Grossen darstellen kann, hat sie bewiesen — sondern in den viel schwierigeren Absatzverhältnissen. Im Inlande steht ihrem Vertrieb entgegen:

1. Der niedrige Preis des Rohrzuckers. In Deutschland kosteten 100 kg Rohrzucker im Februar 1895 = 44 M., Stärkesyrup von 44° Bé = 20 M., und da der Anhydrous Sugar in Amerika fast doppelt so theuer ist als Stärkesyrup (1,80 cts. : 3,50 cts.), so müsste Dextrose in Deutschland 40 M. für den Doppelcentner kosten, also $^{10}/_{11}$ vom Preise des Rohrzuckers. In den Vereinigten Staaten dagegen betrug im November 1894 der Preis des Rohrzuckers 50 M., der Preis des Syrups 16,70 M., der des Anhydrous Sugar 32,30 M. für 100 kg, also etwa $^{7}/_{11}$ des Rohrzuckerpreises.

2. Die geringe Möglichkeit, bei der dem Surrogatverbot (das in Bayern schon besteht) zuneigenden Tendenz der Brauindustrie diese zu gewinnen.

3. Die Schwierigkeit, welche das neue Weingesetz vom Jahre 1892 der Einführung des Dextrosezuckers neben dem billigen Preis des Rohrzuckers entgegenstellt, indem es zwar „technisch reinen Stärkezucker" zulässt, jedoch eine hin-

reichende Definition des Begriffes „technisch reiner Stärke-zucker" nicht giebt, sondern nur ein Beispiel in den Materi-alien eines Stärkezuckers mit 99,6% Reinheit anführt.

Der Ausfuhr nach England aber stehen im Wege einmal der an und für sich höhere Preis, den deutsches Fabrikat haben würde, gegenüber dem amerikanischen, dann die wesent-lich höheren Eisenbahn-, und Seefrachten und endlich, wie ich nachweisen werde (s. S. 114), der zur Zeit doch nur beschränkte Bedarf daselbst.

Es ist also thatsächlich allein die Schwierigkeit des Ab-satzes, welche alle Versuche der Einführung der Dextrose-fabrikation in Deutschland bisher scheitern liess [1]).

Eine Einführung der Fabrikation von Zuckerarten, welche den Climax-Zuckern äusserlich ähnlich wären, würde technische Schwierigkeiten wohl kaum bieten, es wird sich aber zeigen, dass unser Fabrikat auch im Wesentlichen nicht der Beschaffen-heit wegen in England zurücksteht, vielmehr dort beliebt ist. Ein Versuch, wasserärmere Waare, wie sie die Climax-Zucker darstellen, einzuführen, wäre dagegen des Versuchs werth, da der englische Brauer nach dem Saccharometerwerth kauft, den die Lösung des Zuckers angiebt.

Zuckercouleur.

In Amerika wird Zuckercouleur nicht in den Stärkezucker-fabriken, sondern in besonderen Fabriken hergestellt, welche den Stärkezucker dazu von den Producenten kaufen und sehr hohe Ansprüche stellen.

Interessant ist eine Mittheilung von Dr. Behr, wonach das Dextroseanhydrid gar nicht karamelisirt beim Erhitzen, sondern verkohlt, dass dagegen ein Gemisch von Dextrose mit Glucose gute Couleur giebt. Es soll zur Couleurfabrikation daher der Zucker nicht mehr als 87% Quotient haben.

Eine Couleurfabrik zu sehen, hatte ich keine Gelegenheit.

---

[1]) Wie mir mitgetheilt wird, ist die Dextrosehydrat-Fabrikation in Quedlinburg nicht aufgegeben, sondern wegen des sehr guten Wein-jahres vorläufig unterbrochen.

Ausbeute und Herstellungskosten.

Ist es schon sehr schwer, sichere Zahlen über die Ausbeute und die Herstellungskosten in den heimathlichen Fabriken zu erhalten, und noch schwerer einigermaassen zutreffende Mittelzahlen zu finden, da ja beide von einer grossen Reihe von örtlichen und subjektiven Verhältnissen durchaus abhängig und oft grundverschieden sind, so ist es um noch viel schwerer, solche in einem fremden Lande zu erhalten. Ich habe natürlich mir eine Reihe von Angaben verschafft, ich kann dieselben aber nur mittheilen, ohne Garantie für ihre Richtigkeit übernehmen zu können, und zweifle dieselbe bei manchen ganz direkt.

Als Ausbeute an Stärke aus Mais wurden mir genannt 22—28—34 Pfund pro Bushel (56 Pfund) d. h. 39,3—50—60,7 kg von 100 kg. Hieraus geht schon deutlich hervor, dass die Ausbeuten zweifellos sehr stark wechselnde sind.

Ansil Moffat[1]) giebt als Ausbeute pro Bushel $31\frac{1}{2}$ Pfund Stärke an oder 56,3 %.

Krieger theilt mit, dass man erhält aus Mais

	pro Bushel	pro 100 kg
wasserfreie Stärke	26—29	46,5—52,0
Glutenmeal . .	10	18
Slop getrocknet .	10	18

Da nun Glutenmeal nach den angeführten Analysen rund 35 % Stärke, getrockneter Slop rund 26 % in der absoluten Trockensubstanz (vergl. S. 100) oder 31,5 % bezw. 23,4 % in lufttrockener Substanz (10 % Wasser) enthalten, so würden vorhanden sein in 100 kg Mais:

wasserfreie Stärke gewonnen . .	46,5 — 52,0 kg
- - im Glutenmeal	5,7 — 5,7 -
- - im Slop . . .	4,2 — 4,2 -
	56,4 — 61,9 kg

---

[1]) Biedermann's Tech. chem. Jahrbuch 1888/89. S. 295.

Amerikanischer Pferdezahnmais enthält, nach Analysen von Reinke[1]) berechnet, in der Trockensubstanz im Mittel 72,3 % (max. 75,7 %, min. 68,2 %) Stärke: es enthält also ein Mais mit einem mittleren Wassergehalt von 16 %, wie er nach Krieger in Amerika zur Stärkefabrikation meist zur Verwendung gelangt, im Mittel rund 61 % wasserfreie Stärke, (in max. 63,5 %, in min. 57,2 %). Es stimmt das also scheinbar mit obiger Berechnung ziemlich genau überein. Es ist jedoch zu bedenken, dass einmal in dem Stärkegehalt, wie ihn Reinke angiebt, da die Analysen für Brennereizwecke ausgeführt wurden, der vorgebildete Zucker, der für Stärkefabrikation verloren geht, enthalten ist, also die wahren Stärkegehalte um etwa 1—2 % geringer sind, und ferner, dass in den Analysen von Slop und Glutenmeal Zahlen einer der am Besten arbeitenden Fabrik (der Chicago Sug. Ref. Co.) in die Rechnung eingeführt sind[2]), und dass endlich ausser den Verlusten an Stärke, welche in diesen Rückständen verbleibt, jedenfalls noch gewisse Stärkemengen beim Absitzen und Abpressen von Slop und Glutenmeal verloren gehen, welche hier garnicht berücksichtigt sind.

Ich kann daher die Krieger'schen Angaben nur für Grenzwerthe von Maximalausbeuten ansehen, die für eine vorzüglich geleitete und bestes Material (mit 68—76 % Stärke in der Trockensubstanz) verrabeitende Fabrik gelten, nicht aber als allgemeines Durchschnittsergebniss.

Nimmt man an, dass die trockne Stärke als Handelswaare rund 14 % Wasser enthält, so beträgt die Ausbeute an Handelswaare nach Krieger

$$\text{von} \quad 1 \text{ Bushel Mais} = 30{,}2\text{—}33{,}7 \text{ Pfund}$$
$$\text{-} \quad 100 \text{ kg} \quad \text{-} = 54{,}0\text{—}60{,}2 \quad \text{-}$$

Vergleicht man diese Zahlen mit den oben angeführten, so ergiebt sich, dass sie sich vollständig den Höchstangaben

---

[1]) Zeitschrift für Spiritusindustrie 1892. S. 104.

[2]) Dieselben erscheinen zudem noch als sehr niedrig gegenüber dem Gehalt an anderen Kohlehydraten.

zuneigen, wodurch meine eben entwickelte Ansicht bestätigt wird. Dass diese nicht immer erreicht werden können, geht auch schon daraus hervor, dass der Mais, der zu Stärke verarbeitet wird, oft die feuchteren Posten darstellt, da der gut ausgereifte trockene höher bezahlt und zum Export verwandt wird. Krieger giebt an, dass der Mais bisweilen bis 26% Wasser enthält, sodass dann nach den Krieger'schen Zahlen berechnet nur 47,6—53,0% Ausbeute zu erwarten sind.

Es kommen verschiedene äussere Umstände hinzu, welche mich in der Ansicht bestärken, dass die Höchstziffern, wenn sie überhaupt erreicht werden, doch nur selten erreicht werden, trotzdem aber als Mittel angenommen werden. Es sind dies folgende Punkte: Einmal wird der Wassergehalt des Maises, zu dem der Stärkegehalt in ziemlich festem Verhältniss steht, fast nie bestimmt, sodass also eine Grundlage zur Ausbeuteberechnung, wie sie die Kartoffelstärkefabriken durch die Kartoffelwage haben, fehlt. Der von Woche zu Woche verarbeitete Mais ist aber von sehr verschiedener Qualität, und daher schwanken auch die Ausbeuten oft von Woche zu Woche sehr erheblich, sodass eine sichere Feststellung sehr schwer ist. Auch muss oft, wie schon ausgeführt wurde (s. S. 35), selbst auf Kosten der Ausbeute sehr intensiv gearbeitet werden zur Ausnutzung gewisser Conjunkturen. Endlich haben die Fabriken ein besonderes Interesse daran, ihre Ausbeuten sehr hoch anzugeben, weil das von Einfluss auf die Höhe ihrer Einschätzung beim Zutritt zu einem Trustverhältniss ist.

Nimmt man das Mittel aus den obigen Angaben, so ergiebt dieses eine Ausbeute von 50%, und ich halte daher in Uebereinstimmung mit den von meinem Reisegefährten gemachten Erfahrungen, 52% Ausbeute für eine die Thatsachen ziemlich sicher treffende Mittelzahl.

Die deutschen Maisstärkefabriken, welche nur trockenen Mais und nur beste Qualität verarbeiten und viel sorgfältiger aufschliessen, haben eine Durchschnittsausbeute von 55% und eine Maximalausbeute von 59—60%. Es entspricht eine Ausbeute von

52% derjenigen von 29,1 Pfund von 1 Bushel

55%   -   - 30,8 Pfund - 1   -

60%   -   - 33,6 Pfund - 1   -

Noch schwieriger ist die Feststellung der Ausbeute an Stärkezucker und Syrup. Dieselbe ist zunächst abhängig von der an und für sich unsicheren Ausbeute an Stärke. Es kommt hinzu die Unsicherheit in der Angabe der Concentration der erhaltenen Syrupe, welche von 40—42° und von 43 bis 45° Bé (deutsch) wechselt. Die gewöhnliche mixing glucose hat 40—42°, die Jelly-Glucose 43° und die Confectioners'-Glucose 44—45° Bé. Erhält man nun auch Angaben, so ist schwer zu entscheiden, ob sie sich auf eine Glucose von 40 oder 42° beziehen, die Differenz in der Ausbeute ist aber eine recht erhebliche (auf 100 kg etwa 7 kg).

Theoretisch geben 100 kg wasserfreie Stärke bei der Hydrolysirung durch Säuren 111 kg Dextrose, da beim Syrupkochen aber nur höchstens 50% der Stärke hydrolysirt werden dürfen, so ist die theoretische Ausbeute von 100 kg Stärke höchstens 105,5 kg wasserfreier Syrup; man müsste demnach aus 100 kg Handelsstärke mit 80 kg wasserfreier Stärke erhalten 84,4 kg wasserfreien oder 105,5 kg Syrup mit 20% Wasser (42° Bé). Thatsächlich rechnet man nun in Deutschland, dass man von 100 kg Stärke mit 20% Wasser 100 kg Syrup von 42° Bé, also 94,8% der theoretischen Ausbeute erhält, indem der Rest in den Filtern und sonst im Laufe der Fabrikation verloren geht.

Es ist mir nun in Amerika mitgetheilt worden, dass man von 100 Pfund Maisstärke mit 16% Wasser, 112 Pfund Syrup von 42° Bé (deutsch) = 41° Bé (amerikanisch) oder 20% Wassergehalt erhalte, das wäre von 84 Pfund wasserfreier Stärke 89,6 Pfund wasserfreien Syrup oder von 100 Pfund = 106,7 Pfund, d. h. mehr als die theoretische Ausbeute. Es ist also ganz offenbar, dass hier eine falsche Angabe vorliegt, welche darin begründet sein wird, dass eben nicht Syrup von 42°, sondern solcher von niedrigeren Graden erzeugt wurde, die Ausbeuteangabe aber auf 42° Syrup gemacht wurde.

Nach persönlichen Mittheilungen von Dr. Krieger kann man eine Ausbeute von 30 Pfund Glucose vom Bushel Mais oder 53,6% als eine gute Durchschnittsbeute ansehen und eine solche von 33 Pfund = 58,9% als eine sehr gute Ausbeute. Nimmt man nun eine gute Durchschnittsausbeute an Stärke zu 55% vom Mais an, so geben 100 kg Mais 55 kg Stärke mit 14% Wasser oder 47,3 kg wasserfreie Stärke. Diese müssten theorethisch geben $\frac{47,3 \cdot 105,5}{100} = 49,9$ kg wasserfreie Glucose oder 62,4 kg Glucose mit 20% Wasser (42° Bé.). Wirklich erhalten werden aber nach Krieger im Mittel nur 53,6 kg, d. h. nur 85,9% der theoretischen Ausbeute. In gleicher Weise ergiebt sich, wenn man mit Krieger als Maximalausbeute 60% Stärke (mit 14% Wasser) vom Mais annimmt, eine theoretische Ausbeute von 68,0 kg 42°-Glucose gegen eine wirkliche von 58,9 kg oder nur 86,7% der theoretischen Ausbeute.

Es würde hiernach der Verlust bei der Stärkesyrupfabrikation in den Vereinigten Staaten rund 13—14% der theoretischen Ausbeute betragen, in Deutschland rund 5%.

Nach anderen Angaben sollen vom Bushel 37—39 Pfund Syrup von 42° Bé (deutsch) gewonnen werden, d. h. 66—70%, also mehr wie die theoretische, selbst bei der höchsten Stärkeausbeute mögliche Menge. Diese Zahlen sind also nicht glaubhaft.

Nimmt man dagegen 30 Pfund vom Bushel als wirklich normale Mittelausbeute an und ferner wegen der geringen Abweichungen beim Syrupkochen, dass in Amerika die Verluste an Syrup nicht grösser sind als bei der deutschen Fabrikation, dass also 100 Stärke = 100 Syrup geben, so ergiebt sich folgende Rechnung: 100 kg Mais geben 53,6 kg Syrup mit 20% Wassergehalt = 42,9 kg wasserfreien oder 50 kg Stärke mit 14% Wasser, d. h. die mittlere Ausbeute an Stärke aus dem Mais wäre 50%.

Es geht aus dem Vorherstehenden also klar hervor, entweder die Angaben über die mittlere Ausbeute an Stärke sind weit übertrieben worden, oder die amerikanische Glucosefabrikation arbeitet mit grösseren Verlusten als die deutsche.

Meine Ansicht geht aber dahin, dass man die mittlere Ausbeute an Stärke mit 14% Wassergehalt zu 52% und diejenige von Glucose von 42° Bé (deutsch) oder 20% Wassergehalt zu 56% vom Mais annehmen kann, oder dass im Durchschnitt in Amerika

$$\text{vom 1 Bushel Mais} = 29 \text{ Pfund Stärke}$$
$$\text{oder} = 31,5 \text{ Pfund Glucose}$$

erzielt werden.

Ich bin daher auch der Ansicht, dass in Amerika die Ausbeuten im Allgemeinen keine höheren sind wie in Deutschland, eher aber, im Hinblick auf die viel weniger feine technisch durchgebildete Art der Arbeit bei der Stärkefabrikation und auf die oft im Interesse der Wahrnehmung von Marktconjunkturen überhastete Arbeit geringer im Durchschnitt sind als in den deutschen Maisstärke- und Syrupfabriken.

Die Herstellungskosten der Stärke und Stärkefabrikate sind abhängig von dem Preise der Stärke im Rohmaterial, der Höhe der Ausbeute und den Verarbeitungs-Unkosten. Der Preis der Stärke im Rohmaterial unter gleichzeitiger Einbeziehung der Ausbeute lässt sich etwa in folgender Weise berechnen.

In Deutschland rechnet man die Ausbeute von im Mittel 18%igen Kartoffeln bei guter Arbeit zu 17,1 kg Kartoffelstärke von 100 kg Kartoffeln. Es kosten hiernach bei einem Preise

für 100 kg Kartoffeln	100 kg Stärke
von min. 1,2 M.	7,02 M.
- max. 4,0 -	23,40 -
- Mittel 2,0 M.	11,70 M.

Die mittlere Ausbeute der amerikanischen Fabriken beträgt aus 100 kg Mais = 52 kg Maisstärke. 1 Bushel Mais kostet min. 25 cts., max. 56 cts. und im Mittel 40 cts. in Chicago, oder es kosten bei einem Preise

	für 100 kg Mais	100 kg Stärke
von min.	4,12 M.	7,92 M.
- max.	9,24 -	17,77 -
- Mittel	6,60 M.	11,84 M.

Hiernach wäre also der Einkaufspreis im Rohmaterial für Kartoffelstärke in Deutschland und für Maisstärke in den Vereinigten Staaten im Mittel fast derselbe, im Minimum sehr ähnlich und nur im Maximum in Deutschland erheblich theurer.

Jedoch ist hierbei zu bedenken, dass der Mais ein längeres Lager verträgt als die Kartoffel, daher günstige Einkaufszeiten in Amerika leichter wahrgenommen werden können; dass ferner die Frachtsätze in Amerika ausserordentlich viel billiger sind[1]) und daher der Maiskäufer weiter hin von seinem Standort seine Käufe ausdehnen und damit billigere Preise erzielen kann; und endlich, dass um 100 kg Stärke in der Kartoffel zur Fabrik zu bringen 500—600 kg Kartoffeln verfrachtet werden müssen, dagegen um 100 kg Stärke im Mais zur Fabrik zu führen, nur rund 200 kg Mais zu transportiren sind.

Man ist daher wohl zu der Annahme berechtigt, dass der Stärkeeinkauf im Mais sich vielfach billiger in den Vereinigten Staaten gestaltet, als derjenige in der Kartoffel in Deutschland, und dass somit auch die Herstellungskosten oft in den Vereinigten Staaten geringer sein werden als in Deutschland.

Die Feststellung der Höhe der Verarbeitungs-Unkosten ist schwieriger, weil diese an rein lokale Verhältnisse geknüpft sind. Dieselben sind hauptsächlich abhängig von dem Preise der Kohlen und der Höhe der Löhne. Diese aber wieder sind wechselnd je nach der örtlichen Lage der Fabrik,

---

[1]) 1 Bushel Mais ist in Chicago um 5—7 cts. billiger als in New-York, oder 100 kg = 0,82—1,17 M. Es kostet also der Transport von 100 kg Stärke im Mais bei (52 % Ausbeute) 1,60—2,25 M. auf rund 1500 Kilometer Entfernung. Dagegen kostet der Transport von Kartoffeln in Deutschland auf 150 Kilometer Entfernung 0,40 M. für 100 kg, also für 100 kg daraus gewonnener Stärke (bei 17 %/0 Ausbeute) = 2,35 M.

den Frachtsätzen, den Entfernungen von den Kohlengruben
u. A. m.

Die Kohlen sind in Amerika für die Stärkefabriken häufig
sehr billig, weil letztere theils in Kohlengegenden liegen und
anderseits die Frachten ausserordentlich billig sind. Oswego
arbeitet grösstentheils sogar mit Wasserkraft. In Chicago und den
nicht zu weit davon entfernten Fabriken wurden mir als
Preise für Kohlen genannt

für 1 Ctr. weiche Kohle . . . . . 0,16—0,71 M.

1 Ctr. harte Kohle (Anthracit) 1,05—1,68 -

je nach der Qualität und der Schlackenmenge. Als mittleren
Preis für Fabrikkohle kann man 0,40 M. für 1 Ctr. (50 kg) an-
sehen. Die American-Glucose Co. in Peoria verwandte aber
Kohlen zu 0,26 M. für 1 Ctr.

Man kann also sagen, dass die Feuerung im Allgemeinen in Amerika halb so theuer ist, wie in
Deutschland.

Dagegen sind die Löhne wesentlich höher als die deutschen.
In Davenport betrugen die Löhne pro Stunde 12,5 cts =
0,525 M. oder pro Tag (11 Stunden) = 5,77 M. In Chicago
werden bezahlt pro Tag an gewöhnliche Arbeiter 6,30 M., an
bessere Arbeiter 8,40 M., und in Hammond waren die Durch-
schnittslöhne 5,25—6,30 M., d. h. die Löhne sind ganz erheblich theurer als in Deutschland, wo man im Durchschnitt den Mann mit 1,50—3,00 M. am Tage in Städten rechnen
kann, auf dem Lande aber noch zu etwas niedrigeren Lohn-
sätzen erhält.

Nach Mittheilungen amerikanischer Fabrikanten sollen die
Arbeitskosten für Stärke, offenbar ohne Zinsen und Amortisation,
bei Verarbeitung von 1 Bushel Mais 5—15 cts = 0,21—0,63 M.
betragen oder auf 100 kg Mais = 0,82—2,46 M., je nachdem
viel oder wenig gearbeitet wird. In Deutschland rechnet man
die Unkosten in gleicher Weise auf 100 kg Mais zu 2,10 M.
(bei täglich 100 Ctr. Verarbeitung).

Nimmt man die Durchschnittsausbeute von 100 kg Mais zu

52 kg Stärke in Amerika und zu 55 kg in Deutschland an, so kostet die Herstellung von 100 kg Maisstärke in Amerika 1,58—4,73 M., in Mittel 3,16 M., in Deutschland 3—3,8 M., d. h. die Arbeitskosten für Herstellung von Maisstärke nähern sich sehr stark.

Für Herstellung von 100 kg Kartoffelstärke kann man die Arbeitsunkosten ausschl. Zinsen und Amortisation folgendermassen berechnen: Einschliesslich der Amortisation und der Zinsen rechnet man auf 100 D. Ctr. Kartoffeln 80 M. Gesammtunkosten; nimmt man davon $\frac{1}{3}$ auf Zinsen und Amortisation also rund 27 M., so bleiben 53 M Arbeitsunkosten. 100 D. Ctr. Kartoffeln geben von im Mittel 18%igen Kartoffeln 17 D. Ctr. Kartoffelstärke, es entfallen also auf 1 D. Ctr. = 100 kg Kartoffelstärke rund 3 M., sodass also die Arbeitsunkosten der Kartoffelstärke in Deutschland und der Maisstärke in den Vereinigten Staaten im Mittel annähernd die gleichen sind.

Der Vortheil der billigeren Kohlen in Amerika wird also ausgeglichen durch die höheren Löhne.

Zu erwägen bleibt hierbei, dass in Deutschland zumeist nur in mittleren Fabriken Kartoffelstärke hergestellt wird, welche also geringere Mengen produciren, wodurch die Unkosten auf den einzelnen Doppelcentner Stärke relativ hoch werden, dass ferner Mais das ganze Jahr gearbeitet werden kann, und also die Unkosten sich auf das ganze Jahr vertheilen, während Kartoffeln nur im Winter gearbeitet werden können, da sie nicht lagerungsfähig wie der Mais sind. Endlich dass je grösser der Betrieb, um so geringer der Verbrauch an Kohlen und an Leuten an und für sich wird, sodass also auch hier relativ gespart wird.

Die Herstellungskosten von Glucose werden in Amerika geschätzt auf 13—20 cts. auf 1 Bushel Mais. Nimmt man eine mittlere Ausbeute von rund 32 Pfund für 1 Bushel an, so würde die Herstellung von 100 kg Syrup von 42° Bé in den Vereinigten Staaten kosten 3,80—5,77 M. oder im Mittel 4,80 N. In Deutschland rechnet man die Arbeitskosten für 100 kg Kartoffelsyrup auf 4,50—5,00 M., sodass auch hier die Arbeitskosten ziemlich die gleichen sind. Hinsichtlich der Massenfabrikation gilt hier dasselbe, wie das für Stärke Gesagte.

Ich muss hier eine mir von einem der bedeutenderen Glucosefabrikanten gemachte Mittheilung einflechten, welche dahin geht, dass eine Schwierigkeit der Abschätzung der Herstellungskosten in den amerikanischen Fabriken auch darin besteht, dass bei den Gesellschaftsfabriken zur Herstellung einer passenden Bilanz manches nicht mitgebucht, bezw. in anderer Form gebucht wird, sodass es überhaupt schwer ist, die Herstellungskosten auf den Bushel Mais mit einiger Sicherheit festzustellen.

Im Allgemeinen kann aus dem Vorstehenden aber der Schluss gezogen werden: Die Arbeitsunkosten von Stärke und Glucose sind in den Vereinigten Staaten annähernd gleich denen in Deutschland, werden aber in Folge der Massenproduktion geringere für den einzelnen Doppelcentner Stärke oder Syrup.

Die Industrie der Stärke und der Stärkefabrikate in den Vereinigten Staaten hat also in vielen Fällen jedenfalls billigere Herstellungsbedingungen als die deutsche. Die Ursache liegt aber nicht in besseren Ausbeuten oder besseren technischen Einrichtungen, sondern an den Vortheilen, welche die Massenproduktion, die Beschaffenheit des Maises und günstige Transportverhältnisse darbieten.

Die Verwendung von Stärke und Stärkefabrikaten in den Vereinigten Staaten.

I. Maisstärke.

Die alkalische Stärke (Laundry Starch) wird auschliesslich zum Wäschesteifen benutzt, weil sie einen dicken Kleister giebt, welcher kaum in die Gewebe eindringt, sondern an der Oberfläche haftet. Für Appreturzwecke ist sie dagegen aus gleichem Grunde unvortheilhaft, weil die Appretur leicht abblättert, und weil sie dem Gewebe eine zu steife Beschaffenheit, einen auffälligen Griff giebt.

Die saure Stärke (Manufacturing Starch) dient dagegen hauptsächlich zur Schlichte, Appretur und zum Beschweren von Stoffen und wird daher von Baumwollspinnereien und Appreturanstalten in grossen Mengen verbraucht. Für die Cottonmills oder Baumwollwebereien wird die Stärke aus der Mitte der Rinnen entnommen, also die beste. Sie reagirt sauer. Der Kleister aus ihr wird bei Verwendung gleicher Wassermengen dünnflüssiger, dringt besser in das Gewebe ein und beschwert es besser, ohne dass die Waare ihren leichten, feinen Griff einbüsst. Man kann daher von ihr auch mehr in den Stoff einbringen, ohne dass die Beschwerung auffällt.

Ausser dieser Verwendungsart wird die Stärke noch gebraucht zur Papierfabrikation, zur Dextrinfabrikation, zur Färberei, zur Seifenfabrikation als Beschwerungsmittel, zur Herstellung präparirter Stärkearten (Elastic Starch), welche sich in Wasser ohne Knötchenbildung lösen und zum Glänzendmachen der Wäsche direkt auftragen lassen. Die Elastic Starch wird in besonderen Fabriken in New-Haven, Conn. und Keokuk, Ja. hergestellt.

Ferner findet die Maisstärke Verwendung in Form von Puder, als Nahrungsmittel (Prepared corn flower), zur Herstellung der viel verbrauchten Backpulver (Baking powder) durch Versetzen mit Weinsäure und doppeltkohlensaurem Natron, ferner für Zwecke der Zuckerbäcker, welche aus Stärkepuder die Formen für Herstellung von Syrupbonbons machen, endlich als Zusatz zu den billigsten Bonbons (Gum drops) selbst, welche 10% davon erhalten.

Nimmt man die Bevölkerung Deutschlands zu 50 Millionen, die der Vereinigten Staaten zu 63 Millionen an und berechnet den Verbrauch, wie folgt:

	Deutschland	Vereinigte Staaten	
Produktion	3 000 000	3 000 000	D. Ctr.
Ausfuhr 1891/93 Mittel .	194 000	83 000	
	2 806 000	2 917 000	D. Ctr.,
so kommen auf den Kopf der Bevölkerung . . .	5,6 kg	4,6 kg.	

Der Consum an Stärke ist also in beiden Ländern als ein ziemlich gleicher zu betrachten, wenn man bedenkt, dass die Produktionsschätzungen, besonders für Deutschland nur sehr annähernde sind.

2. Dextrin.

Das Dextrin findet seine hauptsächlichste Verwendung in der Kattundruckerei zum Verdicken der Farben, ferner dient es als Klebestoff, z. B. an den Briefmarken. Der Krystallgummi (American gum) soll besonders zum Glänzendmachen von Confitüren verwendet werden.

Krieger schätzt den jährlichen Bedarf an Dextrin auf 20 000 D. Ctr. Diese Zahl erscheint indess als zu gering angenommen, wenn man bedenkt, dass 1889 und 1890 je 26 000 D. Ctr. Dextrin aus Deutschland nach Amerika eingeführt wurden und 1893 und 1894 noch 18 000 bezw. 16 000 D.Ctr.; vielmehr kann der Bedarf wohl auf 60—70 000 D. Ctr. veranschlagt werden.

Der Verbrauch von British und American Gum soll sich nur in engen Grenzen halten.

3. Glucose.

Die Hauptmenge dieses Fabrikats wird in den Vereinigten Staaten in den verschiedensten Formen zu Genusszwecken verbraucht, und es ist der Consum desselben ein bei weitem höherer als in Deutschland.

Mixing Glucose, Misch-Glucose, mit 40—42° Bé. (deutsch) dient zur Herstellung der bei den Amerikanern sehr beliebten „Syrupe" d. h. Mischungen von Glucose mit den Melassen der Rohrzuckerfabrikation (molasses). Diese Mischungen werden in grossen Mengen als Versüssungsmittel, etwa wie Honig genossen und fehlen an keinem Frühstückstisch, wo sie besonders zu dem Nationalgericht der Amerikaner, den Buckwheat Cakes, warmen Buchweizenkuchen, als Zugabe dienen und im Winter den Ersatz für Obst und Cantalupe (Melonen) bilden, welche ebenfalls von den Amerikanern mehr als in Deutschland verzehrt werden. Viele Amerikaner beginnen ihre erste Mahlzeit morgens mit Früchten. Daher ist auch der Syruphandel und damit der Glucosehandel im Winter um 50 % grösser als im Sommer.

Die Herstellung der Syrupe findet entweder gleich in den Glucosefabriken oder in besonderen Geschäften, den Syrup Refining Cos., statt, welche Glucose kaufen. Die Mischung geschieht in besonderen eisernen Gefässen, welche wie die Kühlgefässe für Glucose (s. S. 69) construirt sind und schraubenförmige Rührflügel besitzen. Es wird aber statt des Kühlwassers Dampf durch die Schlangenrohre geleitet.

Es wird Glucose und Melasse in allen möglichen Verhältnissen gemischt, so dass der Glucosegehalt von 10—75 % schwankt. Bei Zusätzen von über 50 % Glucose, welche Menge in besseren Geschäften nicht überschritten wird, wird der dunkle Rückstand der Melassen im Kessel zur Mischung verwandt. Der Glucosezusatz mildert den scharfen Geschmack der Melassen.

Die Syrupe sind hellgelb bis braungelb und werden in eimerartigen, mit Henkel versehenen Kübeln von ca. 6 Liter Inhalt, die bei den Farmern ihrer weiteren Verwendbarkeit als Eimer wegen sehr beliebt sind, oder in Fässern zu 600 Pfund verschickt. Der Preis schwankt je nach dem Maispreise, und zwar z. B. in Chicago zwischen 10,60—15,50 M. für 100 kg; zur Zeit des Syrup-Pools wurde er bis auf 19,90 M. und weiter für 100 kg getrieben. Bisweilen wird den Syrupen durch Zusatz von Fruchtäthern ein gewisses Aroma (flavor) gegeben.

Geringe Syrupe sollen auch durch einfaches Färben von Glucose mit Zuckercouleur hergestellt werden.

Ausser zur Herstellung der Syrupe wird die gewöhnliche Glucose mit 40—42° Bé. (deutsch) auch als Rohmaterial in der Brauerei benutzt und exportirt. Diese, als Brewer's Glucose bezeichnet, hat etwa 18 % Wassergehalt, 40 % vergährbaren Zucker und 42 % unvergährbare Bestandtheile. Sie dient zur Herstellung vollmundiger, schwachvergohrener Biere. Sie wird in Mengen von etwa $^1/_5$—$^1/_6$ des Maischmaterials dicht vor dem Ausschlagen direkt aus dem

Fass in den Kessel gelassen, und es werden die Fässer, um Verluste zu vermeiden, dann mit Dampf nachgespült. Die Brauer geben ihr die scherzhafte Bezeichnung: „Canadisches Malz in hölzernen Fässern". Ich sah ihre Verwendung in New-Yorker Brauereien.

Der Einkaufspreis betrug damals in New-York 15,70—16,50 M. für 100 kg (1,7—1,8 cts. für 1 Pfund).

Glucose wird ausserdem verbraucht:
zum Einmachen von Früchten,
zum Versüssen von Kautabaken,
zur Stiefelwichsefabrikation,
zum Kaffeerösten (Glanz gebend),
beim Früchtetrocknen[1]),
für die Likörfabrikation und
zur Herstellung der Fancy mixed drinks, d. h. feiner gemischter Getränke mit Fruchtsyrupen, die in Amerika viel genossen werden und von denen mir die Getränkekarte eines Chicagoer Austernhauses allein 45 Arten vorzählte.

Jelly-Glucose oder Geleeglucose von 43° Bé (deutsch) wird zur Herstellung der ebenfalls in grossen Mengen in den Vereinigten Staaten, wie in England, genossenen Fruchtgelees benutzt.

Die Herstellung dieses Jelly ist, soweit nicht besondere Früchte dafür verwandt werden, also für die billigen Massenprodukte die folgende: Als Rohstoffe dienen getrocknete Apfelschalen und -Gehäuse, welche als Abfall von der Fabrikation der bekannten trockenen Apfelscheiben (Ringäpfel) in Californien getrocknet und z. B. nach Chicago zum Preise von 9—14 M. für 100 kg geliefert werden, oder auch die anderer Früchte und die Glucose. Die Schalen sollen sich am Besten zur Jelly-Bereitung eignen, weil das aus ihnen fabricirte Gelee

---

[1]) Wird zugesetzt, damit Zucker auskrystallisirt auf der Oberfläche und den Anschein erweckt, als seien die Früchte sehr zuckerreich gewesen.

eichter erstarrt, als das aus ganzen Aepfeln oder den Gehäusen hergestellte.

Die Ausführung der Jellykochung wurde mir von einem Fabrikanten, wie folgt, beschrieben. 100 kg Apfelschalen werden mit ca 550 Liter Wasser übergossen und in offenen Bottichen mit Kupferdampfschlange am Boden eine gute Stunde gekocht, dann in einer Cider- oder anderen Presse abgepresst. Es werden so etwa 550 Liter Saft von 3° Bé, erhalten. Dieser wird in offenen, doppelwandigen Kupferkesseln auf 9° Bé also rund 180 Liter eingedickt und dann 225 kg Glucose zugesetzt. Es sind dann in dem Gemisch also rund 56% Glucose enthalten. Zur Beförderung des Erstarrens wird ferner etwas „Tartarine" zugesetzt, welche die Jellyfabrikanten theuer kaufen müssen. Dieses vorzügliche Mittel erwies sich nach meiner Untersuchung als eine etwa 15%ige, verdünnte Schwefelsäure. Die Masse wird dann zum Erstarren in die Versandgefässe (Glashafen) ausgegossen, in denen sie erstarrt.

Die Menge der den Gelees zugesetzten Glucose schwankt ebenso wie bei den Syrupen und soll ebenfalls bis zu 75% wachsen. Durch Zusatz von Farbstoffen und Fruchtäthern erhalten diese Gelees dann einen bestimmten Charakter, wie Himbeergelee u. s. w. Es sollen ihnen auch nicht unwesentliche Mengen Salicylsäure zugesetzt werden.

Der Preis beträgt für die oben beschriebene Sorte z. B. in Buffalo im Grossvertrieb für 100 kg = 23 M., im Handverkauf für 1 kg = 46 Pfennige.

Confectioners' Glucose, Zuckerbäcker-Glucose mit 44° bezw. 45° Bé (deutsch). Diese unserem Capillairsyrup entsprechende Glucose hat in Amerika wie auch in England einen viel erheblicheren Absatz als in Deutschland, weil in beiden Ländern viel mehr an Süssigkeiten verzehrt wird. Nach Mittheilungen von Deutsch-Amerikanern geniesst ein Mensch in Amerika in einer Woche mehr an Candies (Bonbons u. A. m.) als in Deutschland eine ganze Familie in 2 Monaten. Candy spielt im Leben namentlich im Kreise der Damenwelt eine weitgreifende Rolle, und daher ist die Confitürenfabrikation auf einem hohen Grade der Ausbildung. Es giebt eine ungezählte Reihe von Candyarten von den feinsten bis zu den gewöhnlichsten. Der Umsatz an Candies steigt im Winter, wo die Früchte theuer sind, er ist sehr erheblich und erreicht in manchen Geschäften von manchen Sorten 30 000 Pfund wöchentlich.

Ich hatte Gelegenheit, eine grosse Confitürenfabrik, diejenige von Geo. P. Ziegler & Co. in Milwaukee, eingehend mir ansehen zu können, und bin den Herren für ihr sehr liebenswürdiges Entgegenkommen zu Danke verpflichtet. Die Fabrik hat einen jährlichen Umsatz von 1 700 000 M. und verbraucht im Jahre

Glucose 3000 barrels (je 620 Pfund[1])	=	8 455 D. Ctr.
Rohrzucker 11 000 barrels (je 350 Pfund)	=	17 500
	zusammen =	25 955 D. Ctr.

Die Glucose wird durch Agenten der Glucosefabriken direkt von diesen bezogen. Die Candies erhalten mit nur wenigen Ausnahmen (Traganth-Zucker-Candies) einen Zusatz von Glucose, der je nach der Qualität der Confitüren von 10 bis zu 75% wechselt. Je billiger die Zuckerwaare, um so mehr Glucose enthält sie, am meisten enthalten die vorzugsweise von den ärmeren Klassen und in ausserordentlich erheblichen Mengen gekauften „gum drops" (Gummitropfen).

Einer der Theilhaber der Firma war kurz vorher zur Besichtigung von Betrieben in Deutschland gewesen, und es war daher sein Urtheil über den Umsatz der Waare besonders interessant; er fasste dasselbe dahin zusammen: In Deutschland werden zumeist nur feinere Confitüren für die Wohlhabenden hergestellt, dagegen die billigeren Fabrikate, welche gerade in Amerika besonders stark vertrieben werden, nicht oder jedenfalls nicht in der Massenhaftigkeit wie in den Vereinigten Staaten. Die amerikanischen Zuckerbäcker verbrauchen ausserdem auch erhebliche Mengen von Stärke und namentlich

---

[1] 100 kg = 220 Pfund amerikanisch.

Stärkepuder, theils als Formmittel, theils als direkten Zusatz, endlich zum Verhindern des Zusammenklebens zu verarbeitender und fertiger Waare.

Die gum drops enthalten 75% Glucose und 10% Stärke, und der Rest ist Rohrzucker als äussere Umkleidung. Sie werden hergestellt, indem die Glucose mit der Stärke in doppelwandigen Kupferkesseln zusammengekocht, dann in Kannen mit 5 bis 6 Düllen gefüllt und in Stärkeformen ausgegossen wird. Zu den Stärkeformen muss der Puder die Eigenschaft haben zu ballen, d. h. ohne Wasserzusatz fest zu halten und nicht zu zerfallen. Die Figur der drops selbst wird auf die glattgestrichene Stärkeschicht durch Bretter, welche sie in vielfachem Gypsmodell enthalten, aufgedrückt. Die eingegossenen drops werden mitsammt den Stärkeformen übereinander geschichtet und in einer Heizkammer 5—6 Tage in angeheiztem Luftstrom getrocknet. Dann gehen sie über ein etwas seitwärts stossendes Schüttelsieb, wo sie abgerundet werden. Die abfallende Stärke wird gleich wieder in neue Formkästen gefüllt, abgestrichen und ausgedrückt mit dem Formbrett. Von diesen gum drops erzeugt die genannte Fabrik jährlich 5000 barrels = 1 350 000 Pfund. Diese gum drops kosten in einer Mischung mit dem vierten Theil an besseren Candies 20 bis 25 Pfennige das Pfund im Grossen und 40—60 Pfennige im Handverkauf. Bei uns kosten die geringen Bonbonsorten im Grossverkauf 25 Pfennige für 1 Pfund und im Kleinverkauf 28—40 Pfennige. In den deutschen Bonbonfabriken überschreitet der Zusatz an Capillairsyrup 15—20% nicht.

Das feinere amerikanische Zuckerwerk erhält einen geringeren Glucosezusatz, meist nur soviel, um es etwas geschmeidiger zu machen oder ein Auskrystallisiren des Rohrzuckers zu verhindern. So enthalten die Chokoladenbonbons einen Zuckerkern, der zu 25—30% Glucose, im Rest Rohrzucker ist. Beide werden heiss zusammengerieben, in Formen gegossen, getrocknet und dann in Chokoladenflüssigkeit getaucht und gekühlt, was eine höchst sinnreich construirte Maschine mit Kühleinrichtung besorgte.

Von Bedeutung war auch die Mittheilung, dass sich der Anhydrous sugar für Herstellung von Confitüren nicht bewährt hat, weil er den Ansprüchen der Zuckerbäcker nicht Genüge leistet und relativ zu theuer ist.

Brewers' Extract der Chicago Sugar Ref. Co. wird zur Herstellung von Bieren mit sehr niedriger Vergährung und geringem Alkoholgehalt (Temperance Beer) verwandt.

4. Stärkezucker.

Die verschiedenen Arten des Stärkezuckers finden ihren Hauptabsatz in den amerikanischen und englischen Brauereien, wo sie sowohl als Surrogat für Malz, als auch zum Aufkräusen Verwendung finden. Die chips sind hierbei besonders beliebt, weil die Stücke durch ihre muschlige Form sich nicht dicht aneinander legen können und sich deshalb leichter lösen. Besonders werden sie auch in grösserer Menge zur Herstellung sehr heller Biere vom Charakter der böhmischen, wie Pilsener u. s. w. verbraucht.

Dass gerade in Amerika den Wünschen der Brauer von den Stärkezuckerfabrikanten mehr Rechnung getragen wurde als in Deutschland, ist wohl erklärlich, weil die amerikanischen Brauer überhaupt fast sämmtlich unter Verwendung von Surrogaten wie grits (Maisgrütze), Stärkezucker und -Syrup, Reis etc. arbeiten, während in Baiern das Surrogatverbot besteht und in dem übrigen Deutschland grosse Neigung sich zeigt, dasselbe ebenfalls einzuführen. Daher erreicht auch der Gesammtverbrauch in der deutschen Brauerei an Stärkezucker nur etwa 26 000 D.Ctr. im Jahre. Dagegen hätte es wohl im Interesse der deutschen Exporteure gelegen, die Wünsche der englischen Brauereien mehr zu erforschen.

Stärkezucker wird auch zum Beschweren von Leder gebraucht.

Der **Anhydrous sugar** wird fast nur für Brauereizwecke verbraucht zur Kräusengewinnung, selten als Zusatz zum Maischmaterial. Für Herstellung der Fancy drinks soll er ebenfalls Absatz finden. In Deutschland bezog ihn eine chemische Fabrik in einem jährlichen Posten von 60 Ctr. Für Zuckerbäcker eignet er sich, wie mitgetheilt, nicht.

Die verschiedenen Climaxarten wandern ebenfalls in die Brauereien. Der Special Dark Climax, der dunkelbraune, geht in die Porterbrauereien, doch empfiehlt ihn ein Prospekt der Chicago Sugar Refining Co. auch getrost: for making „Imported Culmbacher", d. h. zur Herstellung importirten Kulmbacher Bieres.

Interessant ist ein Blick auf den

Verbrauch von Zucker

in Deutschland und in den Vereinigten Staaten. Es producirten und exportirten Stärkezucker und Syrup in D.Ctr. im Mittel:

	1891/93	Deutschland	Amerika
Produktion	. .	400 000	3 000 000
Export	. . .	42 000	390 000
Verbrauch	. .	358 000	2 610 000

Nimmt man die Bevölkerung zu 50 bezw. 63 Millionen an, so ist das pro Kopf

0,7 kg   4,0 kg

Man könnte nun meinen, dass der fast 6fach so grosse Verbrauch an Stärkezucker und Syrup in Amerika durch einen geringeren Consum an Rohr- bezw. Rübenzucker ausgeglichen würde, das ist jedoch nicht der Fall, wie die nachstehenden Zahlen beweisen. Es betrug der Consum an Rohr- oder Rübenzucker auf den Kopf der Bevölkerung

in Deutschland[1]) in den Vereinigten Staaten[2])
10 kg   30 kg

sodass also der Gesammtverbrauch an Zucker sich stellt auf den Kopf der Bevölkerung

in Deutschland   in den Vereinigten Staaten
auf   10,7 kg   34,0 kg

d. h. er ist in Amerika insgesammt über dreimal so hoch als in Deutschland.

---

[1]) Vierteljahreshefte zur Statistik des Deutschen Reiches 1894, Heft 4.

[2]) Statistical abstract of the United States 1893, S. 230.

5. Maisöl.

Es ist in rohem Zustande gelblichroth von Farbe mit charakteristischem Maisgeruch, nach Ansil Moffat[1]) hat es ein spec. Gew. von 0,917—0,919 bei $15\frac{1}{2}^0$ C. und gehört zu den nichttrocknenden Oelen. Es findet in raffinirtem Zustande Verwendung zum Anreiben von Malerfarben, zum Verfälschen von Speiseöl und Ricinusöl (das theuer ist) und soll auch in der Lederfabrikation angewandt werden. Sein Preis schwankt pro 1 Gallone $= 3^7/_{10}$ Liter oder 7,5 Pfund zwischen 24 und 35 cts. d. h. zwischen 30—44 M. für 100 kg.

6. Rückstände.

Die Rückstände der Maisstärkefabrikation werden als Viehfutter verwendet, entweder nach dem Abpressen als „slop“ oder Maisschlempe in frischem Zustande, oder getrocknet als Milchfutter „Dairy feed“. Bisweilen werden auch die leichteren Schalen durch Abblasen getrennt und als Kleie (bran) in den Handel gebracht. Die Sugar Refining Co. in Chicago führt die folgenden Futtermittel, deren Analysen nach Mittheilungen von Dr. Weingaertner die folgenden Zahlen gaben:

	Kleie (bran)	Maisschlempe (glutenmeal)	Oelkuchen (oilcake)	Maisfutter (maize feed)
Wasser . . .	12,4%	12,0%	7,0%	8,0%

In der Trockensubstanz:

	Kleie (bran)	Maisschlempe (glutenmeal)	Oelkuchen (oilcake)	Maisfutter (maize feed)
Asche . . .	1,7 %	1,0 %	2,2 %	1,8 %
Proteïn . . .	14,5 -	43,3 -	27,2 -	26,6 -
Fett (Oel) . .	5,5 -	10,5 -	14,9 -	7,9 -
Rohfaser . .	21,1 -	3,5 -	20,6 -	10,2 -
Stärke . . .	16,8 -	35,7 -	23,6 -	26,0 -
Andere stickstofffreie Extraktstoffe . .	40,4 -	6,0 -	11,5 -	27,5 -

---

[1]) Biedermann's Techn. chem. Jahrbuch 1888/89. S. 295.

Die frische Maisschlempe hat 58 % Wasser und wurde z. B. in Davenport mit 2,77 M. für 100 kg verkauft, während trocknes Milchfutter einen Preis von 6,93 für 100 kg erzielte.

Die Organisation des amerikanischen Marktes in Stärke und Stärkefabrikaten.

Einen Stärkemarkt im Sinne des deutschen giebt es in den Vereinigten Staaten nicht. Es liegt das auch in den Verhältnissen begründet. In Deutschland ruht ein grosser Theil der Fabrikation in den Händen kleinerer Fabriken, welche grosse geschäftliche Aktionen nicht ausführen können, sondern an Händler oder einen kleinen Kundenkreis verkaufen.

Die amerikanische Fabrikation hat dagegen eine rein kaufmännische Leitung an der Spitze und grosse Kapitalien zur Verfügung. Die Gesellschaften und Aktien-Unternehmungen haben ihre eigenen Agenten im Lande zerstreut, welche nur für sie allein thätig sind, und der Zwischenhandel, der von den verschiedensten Fabriken kauft, ist nur in ganz geringem Umfange vorhanden.

Es giebt daher in Amerika auch Börsennotizen für Stärke und Stärkefabrikate nicht, sondern jede Fabrik bezw. Gesellschaft stellt ihre Preise durch die Agenten, an die Oeffentlichkeit gelangen dieselben nicht.

Die Agenten erhalten etwa $1^1/_2 \%$ Provision und müssen ihre Unkosten für Reisen u. A. m. selbst decken.

Die Art des Vertriebes der Waare ist nun die folgende: Um das Fabrikat einer Fabrik oder Gesellschaft auf den Markt zu bringen, stellt diese an den bedeutenderen Plätzen eigene Agenten an. Jeder derselben erhält ein gewisses Arbeitsfeld zugetheilt, welches je nach den Verhältnissen einen Staat, eine grosse Stadt oder einen Distrikt umfasst. In diesem ihm zugewiesenen Gebiete besucht der Agent, um Grossisten zur Führung seiner Marke zu veranlassen, die Kleinverkäufer (Retail grocerie stores oder Materialwaarenhandlungen) der einzelnen Plätze und sammelt von möglichst vielen derselben Aufträge (ordres) ein. Hat er eine hinreichende Anzahl von solchen gesammelt, so begiebt er sich zu dem Grossisten und bietet ihm die Ausführung dieser Aufträge unter der Bedingung an, dass derselbe einen grösseren Auftrag — eine Wagenladung oder mehr — an die Fabrik giebt.

Daneben giebt es dann, aber seltener, noch Commissionäre (brokers), welche Proben verschiedener Fabriken sammeln und den Grossisten die Waare nach Muster anbieten.

Der Verkauf der Glucose regelt sich in gleicher Weise, nur dass hier meist die Grossisten direkte Abnehmer sind, da sie vielfach selber die Speise-Syrupe durch Mischen von Melasse und Glucose herstellen, oder es sind die Syrup Refining Co.'s, die Syrupmischfabriken, die Abnehmer.

Die Haupthandelszeit für die Glucose ist im Herbst und im Winter, wenn die Syrupe und jellies die fehlenden oder zu kostspieligen Früchte ersetzen müssen, und daher ihr Verbrauch stark ansteigt.

Feste Preisübersichten giebt es, wie schon erwähnt, nicht, sondern jeder Fabrikant sucht seine Waare so gut wie möglich loszuschlagen und thut es oft auch ohne Vortheil, ja mit Verlust, wenn er gezwungen ist, die Vorräthe fortzuschaffen, um weiter produciren zu können, da ein Stillstehenlassen der Fabrik noch grössere Gefahren bietet.

Abhängig bis zu einem gewissen Grade sind die Preise für Stärke und Glucose von den Maispreisen, doch haben die Trusts, und das geschieht wohl auch theilweise noch, die Preise zeitweise hoch gehalten im Inlande, um billig exportiren zu können.

Der Export soll übrigens fast ausschliesslich in der Hand der Chicago Sugar Refining Co. ruhen.

Während meiner Anwesenheit in Amerika hatten die Stärke- und Glucosepreise stark angezogen, weil die Maisernte sehr gering ausgefallen war, und die Maispreise plötzlich in die Höhe schnellten, sie fielen aber noch während meiner Anwesenheit wieder, da die Maispreise wieder stark zurückgingen (vergl. S. 28).

Maisstärke galt in New-York bei einem Preise

für 100 kg Mais von 5,80 M. = 16,20 M. für 100 kg im Juli 1894

-    -   -   -   - 9,22 - = 22,00—24,40 M.   - Septemb.1894

Glucose 42° galt in New-York   in Chicago

Ende Juli	13,40 M. für 100 kg	10,20
Anfang September	19,90 - - - -	18,50
Ende Oktober	16,60 - - - -	14,80

Im Allgemeinen kostet Glucose in New-York 1,80 M. mehr als in Chicago.

Jeder Grad mehr oder weniger als 42° verändert den Preis um 0,46 M.

In der gleichen Zeit wurde in den Vereinigten Staaten bezahlt für

Kartoffelstärke	32,30—37,00 M. für 100 kg
Weizenstärke	44,00—48,50 - - - -
Dextrin[1]) einheimisch	32,30—37,00 - - - -
eingeführt	48,50—55,40 - - - -

Die Chicago Sugar Refining Co. bot im Juni 1894 an

70 Sugar	mit 16,20 M. für 100 kg
Climax Sugar	18,50 - - - -

Es galt ferner während meines Aufenthaltes in den Vereinigten Staaten

Anhydrous Sugar = 32,30—34,60 M. für 100 kg.

Die Absatzverhältnisse des englischen Marktes.

Nach meiner Rückkehr aus Amerika landete ich am 4. November in Southampton und besuchte, mit Empfehlungen der Fabrik Bentschen an dortige Häuser versehen, die Hauptplätze des Handels in Stärke und Stärkefabrikaten London, Manchester, Liverpool, Glasgow.

Ich habe dort bei 22 Firmen Umfrage gehalten, bestehend aus Händlern und Agenten, Wäschefabrikanten, Kattundruckern,

---

[1]) Nach Oil, Paint and Drug Reporter, New-York, vom 24. Sept. 1894.

Bonbonfabrikanten, Brauern und Brauerei-Chemikern, so dass ich glaube, alle Hauptabnehmer und Kenner der genannten Fabrikate gehört zu haben.

Die Resultate dieser Besprechungen fasse ich nun in folgenden nach den einzelnen Fabrikaten geordneten Mittheilungen zusammen.

Kartoffelstärke, Kartoffelmehl und Dextrin.

Diese drei Fabrikate fasse ich zusammen, weil die Verhältnisse bei ihnen die gleichen sind, und beide als Hauptabnehmer die Kattundrucker (calico printers) und Appreteure (finishers) haben. Die ersteren werden ferner auch von Wäschefabrikanten und wohl auch als Nahrungsmittel verwendet, das letztere als Klebemittel.

Zunächst muss ich hervorheben, dass der deutsche Export in diesen Erzeugnissen sich nach dem Unglücksjahr 1891 schneller und vollkommener gehoben hat, als der des Stärkezuckers und Stärkesyrups, und dass die Ausfuhr nach England im Jahre 1894 schon wieder $^8/_{11}$ der früheren Höhe in Stärke erreicht hat und in Dextrin sogar höher als in den Jahren vor 1891 ist.

Mir ist auch in England, gerade bei Kattundruckern, verschiedentlich die Ansicht begegnet, dass der Verbrauch an Kartoffelstärke und Kartoffeldextrin im Vergleich zu den anderen Stärke- und Dextrinsorten nicht wesentlich geringer sei, wie früher, dass der Verbrauch in diesen Fabrikaten aber in den letzten Jahren überhaupt nachgelassen habe, weil die englische Kattundruckerei einen rückgehenden Absatz zu verzeichnen hatte.

In der Kattundruckerei und zur Appretur muss bei der Erzeugung bestimmter Stoffe Kartoffelstärke und Kartoffeldextrin verwendet werden, zur Herstellung anderer Zeuge Getreidestärke und Getreidedextrin. Zu geringeren Stoffen endlich kann sowohl das eine wie das andere Appreturmittel Verwendung finden.

Im ersten Falle — und bisweilen ausschliesslich — verwenden die hervorragenden Fabrikanten die Kartoffelfabrikate auch bei hohen Preisen und zahlen gern für feinste Qualität Vorzugspreise, während die kleineren Fabriken geringere Waare wählen und auf möglichst niedrige Preise sehen.

Wo jedoch beide Stärke- und Dextrinsorten, und das ist bei den Massenfabrikaten der Fall, Verwendung finden können, dort entscheidet lediglich der billigere Preis.

Für Qualitätswaare wird fast ohne Ausnahme von meinen Gewährsmännern die deutsche jeder anderen vorgezogen und auch gern ein etwas höherer Preis bezahlt, aber die Preisdifferenzen gegen andere Waare sind meist so hoch, dass schliesslich doch diesen der Zuschlag ertheilt wird.

Besonders oft begegnet man dem Küstriner Fabrikat (B.K.M.F.[1]) und auch dem der Stärkefabrik Bentschen, und es wird an ihnen besonders hervorgehoben, dass sie von ausserordentlicher Gleichartigkeit in der Qualität seien, während bei von Händlern bezogenen Fabrikaten darüber Klage geführt wird, dass die verschiedenen Lieferungen nicht gleichmässig genug ausfallen.

Als Grund dafür wird von den mit den deutschen Verhältnissen bekannten englischen Händlern angegeben, dass die deutschen Händler vielfach aus einer Reihe kleinerer Fabriken die Waare zusammenkaufen müssen, welche nicht gleichmässig arbeiten.

Diesen Punkt möchte ich besonders hervorheben, weil er eine ernste Mahnung an die kleinen deutschen Fabriken ist, dass auch sie alles daran setzen, ihr Fabrikat möglichst zu vervollkommnen.

Unser Hauptconcurrent auf dem englischen Stärke- und Dextrinmarkte ist nicht Amerika, dessen Ausfuhr an Maisstärke zwar ständig wächst, jedoch mit 100 000 D. Ctr. im Jahre 1893 noch nicht einmal unsere niedrigste Exportzahl von 128 000 Sack im Jahre 1892 erreicht, und dessen Maisdextrin als Export-

---

[1] Dabei zeigt sich der conservative Sinn der Schottländer, denn als ich einen dortigen Fabrikanten frug, warum er diese bevorzuge, sagte er mir: because it is an old brand (weil es eine alte Marke ist).

artikel nicht in Betracht kommt. Vielmehr ist dies Holland, welches nach dem Rückgange seines Exportes nach Frankreich die so frei gewordene Waare auf den englischen Markt wirft und unter allen Umständen loszuschlagen sucht. Holland kann aber 300 000 Sack zum mindesten produciren, vielleicht aber viel mehr[1]).

Nach der Ansicht meiner Gewährsmänner erreicht zwar die holländische Stärke und namentlich auch das Dextrin unsere besten Marken nicht, dafür ist mittlere Primawaare aus Holland aber wesentlich billiger zu haben und tritt daher vielfach an die Stelle der deutschen.

Einzelne Stimmen erheben sich allerdings dagegen, dass Deutschland auf diesem Wege dem Concurrenten nachfolge, es sei vielmehr besser, wenn es so viel wie möglich sich bemühe, nur feinste Waare auf den Markt zu bringen, da dies immer noch lukrativer sei.

Die Kattundrucker und Appreteure müssen im Allgemeinen auf die Qualität besonderen Werth legen, weil sie meistens den Stoff von den Kaufleuten nur zum Appretiren und Drucken geliefert erhalten und daher, wenn derselbe bei der Rücklieferung Fehler zeigt, mit dem Preis des ganzen Zeuges belastet werden. Da das Appretiren eines Stückes Zeug 17 bis 18 M. kostet, das Stück selbst aber 30 M., so können sie arge Einbusse erleiden. Daher fällt auch bei guten Geschäften, zumal die Menge der verwendeten Stärke relativ klein ist, nicht der Preis so sehr ins Gewicht, als vorzügliche Qualität. Das letztere gilt auch für die Wäschefabrikanten.

Nächst Holland kämpft gegen unseren Import die amerikanische und bei billigen Maispreisen auch die englische Stärke-Industrie an.

---

[1]) Diese Zahl (320 000 Sack) ist mir von einem in holländischen Fabriken thätig gewesenen Manne mitgetheilt, welcher auch angab, dass die holländischen Fabriken nur 13 Wochen bis zum Schluss der Schifffahrt Kartoffeln reiben, und dass die Kartoffeln stärkearm (höchstens 17 %) seien. In England schätzte man die Produktion der Scholten'schen Fabriken in Holland allein auf 500 000 Sack.

Amerikanische Maisstärke ist zu Preisen von 13,50 bis 14,20 M. für 100 kg in Manchester zu kaufen gewesen und ist erst im November 1894 auf einen Preis gestiegen, welcher annähernd dem deutscher Kartoffelstärke gleichkam, wahrscheinlich in Folge der zeitweilig ausserordentlich hohen Maispreise in Amerika. Da diese aber schnell gefallen sind, so ist dies auch mit den Maisstärkepreisen der Fall gewesen.

Es sei mir hier gestattet, eine Mittheilung einzuschalten, welche die schwierige, in mancher Hinsicht unserer exportirenden Fabrikation ähnliche Lage der schottischen Maisstärkefabriken darlegt, weil sie auch gleichzeitig ein Bild davon entwirft, welchen Druck die billige Stärke-Rohfrüchte produzirenden Länder auf die europäische Stärke-Industrie ausüben. Als die Preise für amerikanischen Mais billig waren, und auch diejenigen der amerikanischen Maisfabrikate, wurden grosse Mengen derselben auf den englischen Markt geworfen und zu so niedrigen Preisen, dass schottische Fabrikanten ohne Verlust nicht so billig arbeiten konnten. Als aber die Maispreise wieder stiegen, gingen auch die der amerikanischen Stärkefabrikate in die Höhe und so weit, dass die schottischen Fabrikanten, welche billigen Mais gekauft hatten, im Stande waren, mit denselben zu concurriren und sogar bevorzugt waren. Wenn nun aber die schottischen Fabriken den billigen Mais verbraucht haben, Amerika aber grosse Stärkevorräthe hergestellt hat, und die Maispreise nicht sinken (was allerdings geschehen ist), so sind die schottischen Fabrikanten wieder nicht mehr concurrenzfähig und schliesslich auf den Bezug von russischem oder Donau-Mais angewiesen. Sie schweben also beständig zwischen Sein oder Nichtsein hin und her.

Die schottischen Fabriken verarbeiten nur Mais und auch Maisstärke in grösseren Mengen zu Dextrin und treten damit als Concurrenten unserer Dextrinfabriken auf. Wesentlich aber nur, wenn ihr Fabrikat erheblich billiger ist als das Kartoffeldextrin, da dieses im Allgemeinen dem Maisdextrin vorgezogen wird, weshalb auch ersteres immer noch in grösserer Menge nach Amerika exportirt wird.

Grössere Gefahren als durch Maisstärke und Maisdextrin drohen uns aber durch neue auf dem englischen Markte erscheinende Stärkearten und die in England daraus hergestellten Dextrine. Es sind dies namentlich Sagostärke[1]) und Tapiokastärke, welche aus Java und Singapur eingeführt werden (das brasilianische Tapiokamehl soll seinen Weg besonders nach Frankreich nehmen). Wie es mir scheint, steht ihrer grösseren Verbreitung zur Zeit nur noch der Umstand entgegen, dass sie von jenen Gegenden zur Zeit noch in sehr wechselnder Qualität geliefert werden, weil die Fabrikation dort offenbar noch sehr primitiv gehandhabt wird.

Das Sagomehl hat eine zart röthliche Färbung, welche aber für viele Appreturzwecke nicht hinderlich sein soll. Bevorzugt wird es des ausserordentlich billigen Preises wegen (im Nov. 1894 in Liverpool 13,4—14,50 M. für 100 kg). Es wird aus ihm auch Dextrin hergestellt. Eine Probe solchen Dextrins, welche mir früher im Laboratorium vorlag, war allerdings mit gutem deutschem Dextrin nicht zu vergleichen, indess war das vielleicht ein erster Versuch damit.

Das Tapiokamehl steht bezüglich des Preises allerdings entweder auf der Höhe der Preise von deutscher Kartoffelstärke oder ist sogar in besten Marken theurer, es liefert aber, wie mir übereinstimmend von sehr verschiedener Seite versichert worden ist, ein Dextrin, welches Kartoffeldextrin übertrifft und besonders viel ausgiebiger sein soll.

Ist Weizenmehl sehr billig, so tritt bei kleineren Fabrikanten auch dies zeitweise an Stelle der Stärke.

Auch Reisstärke, welche in England massenhaft hergestellt wird, soll in Folge sehr starker Reclame in geringem Maasse an der Concurrenz sich betheiligen.

Um eine Uebersicht über die Preisverhältnisse der verschiedenen Stärkesorten, und es hängen davon ja diejenigen für Dextrin ab, am englischen Markte zu ermöglichen, stelle

---

[1]) Es wurden 1894 eingeführt in England 346 649 D.Ctr. Sago- und Sagomehl und zwar fast ausschliesslich von den Straits settlements.

ich nachstehend einige mir mitgetheilte Preisangaben umgerechnet auf deutsche Werthe zusammen. Es wurden notirt:

| Mark für 100 kg | in Manchester | | in Glasgow |
| | Niedrigst. | November | November |
	Preis	1894	1894
Deutsche Kartoffelstärke	—	20,00[1])	19,40
Holländische	16,30	18,80	18,30—19,40
Amerikanische Stärke .	15,30	21,40(?)	19,40
Schottische. Stärke . .	—	—	20,40
Tapiokastärke . . .	—	19,40[2])	16,30—24,50[3])
Sagostärke	—	14,80[2])	15,30
Weizenmehl	—	13,20	—

Die Ursache des zeitweiligen Verlustes und der noch nicht vollständig erfolgten Wiedererwerbung des englischen Marktes in Kartoffelstärke, Kartoffelmehl und Kartoffeldextrin ist nicht in der Einführung besserer Waare aus anderen Ländern, sondern fast ausschliesslich auf den niedrigeren, oft sehr viel niedrigeren Preis der fremden Waare zurückzuführen. Die deutschen Fabrikate genannter Art nehmen mit ganz wenigen Ausnahmen nicht nur den ersten Rang unter gleichartigen ein, sondern übertreffen auch andersartige Fabrikate fast ausnahmslos. Das deutsche Fabrikat dieser Art erfreut sich einer besonderen Beliebtheit in England, und nur die verhängnissvollen hohen Preise des Jahres 1891 haben ihm einen so harten.Schlag versetzt, von dem es nur langsam, trotz niedriger Preise sich erholen kann, zumal die Abnehmer in England einen Minderbedarf annehmen. Die deutsche Industrie muss aber streng daran halten, nur feinste Waare nach England zu liefern, da sie nur so einigermasseu die höheren Preise erhalten und den Absatz behalten kann.

Ein gewisser, wenn auch nicht für alle Verwendungsarten in Betracht kommender Qualitätsnachtheil der deutschen

---

[1]) Berechnet aus deutscher Notiz 18,00 M. + 2,00 M. Fracht.

[2]) Früher höher.

[3]) Qualität sehr verschieden.

Waare, für die aber den deutschen Fabrikanten ein Vorwurf nicht treffen kann, da er auf einer Eigenthümlichkeit des Rohmaterials beruht, ist der eigenthümliche Geruch, den Kartoffelstärke und in erhöhtem Maasse Kartoffeldextrin aufweisen.

Es scheint jedoch nach den neuesten Versuchen, welche mit Anwendung der Elektrizität, bezw. durch den elektrischen Strom erzeugten Ozons gemacht sind, dass es der deutschen Industrie gelungen ist, auch diesen, wenn ich so sagen soll, Schönheitsfehler des Fabrikates zu beseitigen. Es zielen dahin die Patente No. 70012 von Siemens & Halske, Berlin: Verfahren zum Bleichen von Stärke mit Chlor und Ozon vom 4. Oktober 1892; und dass Patent No. 79326 von Carl Pieper, Berlin, vom 2. Mai 1894: Verfahren zur Herstellung von Dextrinen und Leiogommen unter Beihülfe von Ozon.

Stärkesyrup und Stärkezucker.

Die Hauptabnehmer für Stärkesyrup und Stärkezucker in England sind die Zuckerbäcker und Bonbonfabriken (confectioners), die Conservenfabriken (preservers) und die Brauer (brewers). Den zu direktem Genuss verbrauchten Syrup kaufen die Materialwaarenhändler (grocers). In der Industrie sollen höchstens 2% der Gesammtmenge dieser Fabrikate Absatz finden.

Die Bonbonfabriken, Conservenfabriken und Materialwaarenhändler brauchen ausschliesslich oder vorwiegend Syrup, die Brauer vorwiegend festen Stärkezucker.

Für Syrup liegen die Verhältnisse einfach. Sowohl die Syruphändler, wie die Bonbonfabrikanten bevorzugen ausnahmslos den deutschen Syrup, mehrere erklärten ihn direkt für besser z. B. süsser als den amerikanischen — ein Urtheil, das über unseren Syrup in Amerika selbst von einzelnen Sachverständigen[1] getheilt wurde — und erklärten, ihn trotz des hohen Preises ausschliesslich zu verwenden.

---

[1] Einem Grosshändler in New-York und einem Fabrikanten in Chicago. Ein amerikanischer Brauereisachverständiger theilte mir mit, dass die amerikanischen Glucosen leicht auskrystallisiren.

Sehr interessant war die Aeusserung eines Bonbon-Grossfabrikanten (Callard & Bowser, St. Johns Works, London), welcher mir mittheilte, dass er nur 44⁰ Bé-Syrup verwende, nicht aber 42⁰ Syrup und festen Zucker, dass er selbst vergleichende Versuche mit amerikanischem und. deutschem Syrup angestellt habe, und dass die amerikanische Glucose weit hinter der deutschen zurückgeblieben sei, sodass er jetzt letztere ausschliesslich anwendet.

Indess war er der Meinung, dass manche seiner Collegen trotzdem die amerikanische Glucose ihres billigeren Preises wegen verwenden.

Für die genannte Verwendungsart ist also der billigere Preis der amerikanischen Glucose der einzige Grund, warum sie das deutsche Fabrikat verdrängt.

Gewünscht wurde von verschiedener Seite, dass die deutsche Industrie, ebenso wie es die amerikanische bereits thut, auch in kleineren Gebinden zu 250—300 kg (cask = 5—6 ctw. je 112 p.) ohne Aufschlag den Syrup liefere[1]).

Auch bei dem von den Brauern verbrauchten Syrup spielt der niedrigere Preis des amerikanischen Fabrikates die Hauptrolle bei der Verdrängung des deutschen Fabrikates.

Im Allgemeinen soll aber der Gebrauch von Syrup in den Brauereien dauernd abnehmen, indem feste Stärkezucker an seine Stelle treten.

Wie niedrig die amerikanischen Syrupe in England angeboten werden, · geht aus folgenden Preisangaben, die mir in England mitgetheilt wurden, hervor.

Es wurden angeboten am 22. 1. 94 in Manchester

amerikanischer Syrup 16,00 M. für 100 kg

deutscher   -   19,00 - - 100 -

Es notirte in Glasgow amerikanische Waare 1894 für 100 kg Syrup = 14,80 M. im Dezember,.

= 14,40 - im Februar,

---

[1]) Weil die kleinen Zuckerbäcker und Materialwaarenhändler nicht gerne grosse Gebinde bei dem langsamen Verbrauch anschlagen.

100 kg Syrup $=$ 15,20 M. im Juni,

   $=$ 18,30 - im November,

im November war in Hamburg der Preis für 44⁰ Syrup $=$
21,50 M.[1])

Es stimmen diese Angaben ganz gut mit den Preisen in
Amerika. Ein New-Yorker Brauer kaufte im Oktober den 42⁰
Syrup für 1,7—1,8 cts. pro 1 Pfund, d. h. für 7,65 Pfennige, also
100 kg $=$ 220 Pfund kosteten in New-York 16,83 M.,

dazu Fracht 0,90 -
17,73 M.

Die Amerikaner sollen nur 44⁰ Syrup nach England liefern,
und zwar zu dem Preise, den der 42⁰ Syrup in Amerika hat.

Fester Särkezucker wird von den Bonbonfabriken und
Conservenfabriken weniger verbraucht als Syrup; zum Theil
verwenden sie ihn sogar überhaupt nicht. Soweit dies aber
geschieht, wird, abgesehen vom Preise, das deutsche Fabrikat
dem amerikanischen gleichgeachtet, vielfach aber wie beim
Syrup bevorzugt.

Der Hauptabsatz des festen Stärkezuckers geht aber in die
englischen Ale- und Porterbrauereien und hat hier seit 1882 ständig
zugenommen. Auf diesem Gebiete haben die amerikanischen
Zucker, und besonders die Specialitäten der Chicago Sugar
Refining Company dem deutschen Fabrikat den Rang abge-
laufen. Der Kartoffelstärkezucker wird nach Ansicht von englischen Brauerei-Sachverständigen nicht annähernd mehr in dem
Maasse in England verbraucht, als dies vor der Einführung
des amerikanischen Maisstärkezuckers der Fall war.

Zweifellos spielten auch hier der viel billigere Preis und die

---

[1]) Im Dezember 1895 notirten cif. London amerikanische Glucose

100 kg Prime white 70 Chips in bags $=$ 13,78 M.

- yellow 80 ⁎ - - $=$ 14,52 -

- water white Glucose 44⁰ $=$ 13,04 -

- - - - 42⁰ $=$ 12,05 -

in Hamburg Prima Cappillairsyrup 44⁰ $=$ 18,00—18,50 M.

- Traubenzucker geraspelt $=$ 18,25—18,75 -

geringeren Schwankungen desselben die Hauptrolle bei der Begünstigung des amerikanischen Stärkezuckers gegenüber dem deutschen; denn ein englischer Brauerei-Sachverständiger theilte mir als für den nördlichen Theil Englands zutreffend mit, dass man im Allgemeinen annehmen könne, dass der englische Brauer mit wenig Ausnahmen mehr auf Preis als auf Qualität sieht, solange das mit einiger Sicherheit für sein Gebräu geschehen kann, da die·sehr rasche Gährung und der ausserordentlich schnelle Verkauf der englischen Biere — in vielen Fällen hat der Brauer die leeren Fässen schon 14 Tage nach dem Einmaischen zurück — die Nachtheile der schlechten Qualität nicht so bald zur Geltung kommen lassen. Da die Infusionswürzen dextrinarm sind, so ziehen die englischen Brauer dextrinreiche Stärkezucker vor. Es muss ihnen in dieser Richtung entgegengekommen werden. Es sollen auch sogen. englische Maiszucker bevorzugt werden, d. h. amerikanische Zucker, den die englischen Fabriken kaufen und in ihren Säcken weiter verkaufen, da viele Engländer nur von Engländern kaufen wollen.

Ausser dem billigeren Preis der amerikanischen Stärkezucker sind es aber gewisse Eigenschaften der amerikanischen und auch der allerdings in geringem Masse in England aus Mais hergestellten Stärkezucker im Allgemeinen und namentlich der besonderen Sorten der Chicago Sugar Refining Company, welche die Bevorzugung derselben vor den deutschen Fabrikaten begünstigen.

Als solche werden besonders hervorgehoben die krystallinische Beschaffenheit der Climaxzucker, der Reichthum an Dextrin(?) und der damit zusammenhängende volle Geschmack, welchen sie schnell zu consumirenden Bieren geben, und der ganz andere Geruch und Geschmack (flavour), welchen sie gegenüber dem Kartoffelstärkezucker geben.

Auch kaufen viele Brauer den Stärkezucker nach dem Extraktgehalt, und da Climax etwa 90%, die deutschen Stärkezucker aber meist 82—85% Extrakt geben, so wird ersterer auch deswegen bevorzugt.

Die gangbarsten Produkte sind 70%iger Stärkezucker und 80%iger Climax. Ein schottischer Stärkefabrikbesitzer, welcher in der Chicago Sugar Refining Co. gearbeitet hatte, schätzte, dass die tägliche Production derselben von 10 000 Bushel Mais, also ca. 300 000 D.Ctr. Climax im Jahre nach Europa käme.

Dark Dlimax scheint im Norden Englands fast unbekannt zu sein, während er im Süden ziemlich starken Absatz finden soll. —

Der Import von Anhydrous sugar oder Dextrose-Anhydrid, welcher in Deutschland wegen seiner Reinheit als der Haupt-concurrent gegen den deutschen Stärkezucker in England angesehen wurde, ist ein sehr mässiger, wenn nicht verschwindender, was nicht Wunder nehmen kann, wenn man sich erinnert, dass die Gesammtproduction dieses Fabrikates in Amerika 26000 D.Ctr. kaum überschreiten wird und selbst zur Zeit des Höhepunktes seiner Herstellung höchstens 40 000 D.Ctr. betrug, dass also die gesammte producirte Menge noch nicht $\frac{1}{15}$ des amerikanischen Exportes an Stärkezucker nach England beträgt. Der Preis des Dextroseanhydrids ist dabei wie auch in Amerika fast doppelt so hoch, wie derjenige des gewöhnlichen Stärkezuckers und der Climax sugars. Verwendung findet dieser vielfach in England kaum dem Namen nach gekannte Zucker in geringer Menge zur Herstellung von Kunstwein (British wine) und zum Aufkräusen der Biere in den Brauereien. Zu letzterem Zwecke hat er aber in dem gewöhnlichen Rohrzucker und in Invertzucker einen scharfen Concurrenten. Wie wenig dieser Zucker z. Z. eingeführt ist und wie schwer sein Absatz ist, kann daraus hervorgehen, dass ein Posten desselben, der in London von einem Agenten zu 36 M. für 100 kg eingeführt worden war, später für 33 M. an einen Grosshändler abgegeben wurde, da jener keinen Consumenten finden konnte.

Es wurde mir übrigens in London auch mitgetheilt, dass eine Probe von Wriezener Dextrosezucker, welche zum Versuch dahin geschickt war, sich gleich gut bewährte als der amerikanische Anhydrous, aber im Preise viel zu hoch stand.

Wenn Dextrosezucker wesentlich billiger wie bisher auf den Markt gebracht werden könne, so erhoben sich einige Stimmen zu der Ansicht, dass er dann bei guter Reclame in England guten Absatz finden würde. Ob es aber gelingen wird, dies Ziel zu erreichen, erscheint mir vorläufig noch sehr zweifelhaft.

Ich kann hier nicht unerwähnt lassen, dass in England recht allgemein der Verkehr mit deutschen Fabrikanten und Händlern bezw. Agenten demjenigen mit den amerikanischen vorgezogen wird, weil derselbe ein soliderer ist.

Hollands Concurrenz in Stärkezucker und Syrup ist keine bedeutende. Die Gesammtproduction Hollands in diesen Fabrikaten wird nur auf 80 000 D. Ctr. geschätzt, und wie mir in Glasgow mitgetheilt wurde, gilt der holländische Syrup in England dem deutschen gegenüber für minderwerthiger (is not good).

Schlussfolgerungen.

Ueberblickt man die im Vorstehenden dargelegten technischen und Handels-Verhältnisse der Industrie der Stärke und Stärkefabrikate in den Vereinigten Staaten von Amerika im Vergleich mit der deutschen und den Kampf der Erzeugnisse beider Länder in Grossbritannien, so ergiebt sich daraus das Folgende:

1. Es ist,. mit wenigen Ausnahmen (Climax sugar), nicht die bessere Qualität der amerikanischen Producte, welche uns von dem englischen Markt verdrängt hat, sondern fast ausschliesslich der erheblich geringere Preis derselben.

Die deutsche Waare wird in der überwiegenden Menge nicht nur als gleichwerthig, sondern sogar vielfach als überlegen der amerikanischen von den englischen Consumenten betrachtet, aber diese Ueberlegenheit reicht nur in manchen Fällen, wo die Qualität die Hauptsache, der Preis die Nebensache ist (z. B. Appretur), hin, die Abnahme des deutschen Fabrikates zu sichern.

Gerade der Hauptconsum verlangt vor allem eine billige Waare und legt geringen Werth auf die Qualitätsunterschiede.

2. Der billigere Preis, mit welchem die amerikanischen Fabrikate auf dem englischen Markte erscheinen, wird nicht erreicht durch höhere Ausbeuten und vollkommenere Technik der amerikanischen Fabriken, dieselben stehen vielmehr beide in den meisten Fällen hinter denen der deutschen Fabriken zurück.

Er wird erreicht dadurch, dass die Fabrikation in Amerika als Massenfabrikation in wenigen grossen Fabriken betrieben und dadurch verbilligt wird, dass ferner die amerikanischen Fabriken hinter sich bedeutende Kapitalskräfte und an der Spitze eine kaufmännisch vollkommen durchgebildete Centralleitung stehen haben. Sie können deshalb durch billigeren Bezug der Stärke im Rohmaterial und durch kaufmännische Speculation beim Einkauf des Rohmaterials Waare unter dem Preise der deutschen herstellen, wobei sie durch Lagerfähigkeit des Maises gegenüber der Kartoffel unterstützt werden[1].

Sie gehen auch, gestützt auf ihre Kapitalskraft — und das thut der Amerikaner überhaupt — geschäftsmännisch in grossem Stile vor und wägen nicht erst ängstlich ab, ob auch bei niedrigerem Preise die Waare ohne Schaden untergebracht werden kann[2], sondern sie werfen die Waare, selbst auf die Gefahr hin, zeitweise hierdurch zu verlieren, in grossen Massen auf den Markt, um ihn zu erobern oder zu vertheidigen.

Zur Erreichung des billigeren Preises tragen ferner bei, der billigere Transport der Stärke im Mais gegenüber demjenigen in der Kartoffel und die niedrigeren Frachtsätze sowohl für

---

[1] Wenn die amerikanischen Fabriken nicht noch billigere Vorräthe hatten, müssen sie bei den ausserordentlich hohen Maispreisen im Herbste 1894 mit Unterbilanz gearbeitet haben.

[2] In London fielen die Preise für Climax sugar trotz steigender Maispreise in Amerika, weil ein Posten von 500 tons weggeschafft werden sollte.

das Rohmaterial als auch für das fertige Product in den Vereinigten Staaten[1]).

Ferner sind auch die Ueberseefrachten von Amerika nach England entweder gleich hoch oder häufig wesentlich niedriger[2]).

Endlich vertreiben die amerikanischen Fabriken ihr Product nur durch ihre eigenen Agenten, welche feste Sätze als Provision erhalten.

Es ist nun aber nicht Amerika allein, welches uns in England Concurrenz macht. Für Syrup und Stärkezucker allerdings hat nur Amerika uns verdrängt, in Kartoffelstärke und Kartoffelmehl tritt aber auch Holland als Concurrent auf dem englischen Markte auf, begünstigt durch die billigeren Frachten bei Heranschaffung der Kartoffeln und beim Transport des Fabrikates, da seine Fabriken an Wasserstrassen oder nahe der Küste liegen, so dass die Holländer für 3 sh. per ton cif. London liefern können.

Ferner treten als starke Concurrenten die hinterindischen Producte Sagomehl und Tapiokastärke auf.

Der Qualität nach ist vorläufig weder die holländische noch die hinterindische Stärke den deutschen Fabrikaten gewachsen.

Es sind also im Wesentlichen nur die billigeren Preise der fremden Fabrikate, welche uns den Export unserer Stärke und Stärkefabrikate verkürzen.

Es geht aus dem Mitgetheilten hervor, dass die Concentration der amerikanischen Industrie der Stärke und Stärkefabrikate der wesentliche Factor für die billigere Herstellung der Fabrikate ist.

---

[1]) Es kostet der Transport von Stärke von Chicago nach New-York für 100 Pfund = 10 - 30 cts. oder für 100 kg 0,92—2,77 M. (Entfernung ca. 1500 km), die Fracht für Stärke nach Hamburg auf 500 km Entfernung 1,60 M. (nach dem ermässigten Exporttarif).

[2]) Z. B. beträgt die Fracht für 1 ton (1016 kg) von New-York cif. London 4 sh. oder rund 4 M., von Hamburg 6 sh., von Stettin 9 sh. und mehr.

Daraus wäre zu schliessen, dass auch die deutsche Industrie dieser Produkte eine Concentration ihrer Kräfte anstreben muss, wenn sie ihr Fabrikat verbilligen und damit wieder in höherem Maasse exportfähig werden soll.

Nun ist eine Zusammenlegung der Betriebswerkstätten nach Art der amerikanischen Industrie in Deutschland nicht so leicht möglich wegen der Eigenartigkeit des Rohmaterials und der theureren Transportverhältnisse.

Es ist daher zweifellos für die deutschen Verhältnisse das Richtigste, wenn die Kartoffel möglichst an Ort und Stelle, wo sie gebaut wird, auch zur Verarbeitung gelangt, dass also kleinere Betriebe im Lande zerstreut bestehen bleiben.

Der Nachtheil, den dieselben jetzt haben, beruht aber darin, dass sie mit zu geringem Kapital arbeiten, kaum in direkten Verkehr mit den Consumenten gelangen können, dass sie relativ theuer arbeiten, und dass ihr Fabrikat zu verschiedenartig ist, um eine allgemein vorzügliche Exportwaare darzustellen, denn nur beste Qualität kann selbst mit einem etwas höheren Preise mit den nichtdeutschen Fabrikaten im Auslande concurriren.

Wegen ihres geringen Umfanges und ihrer Thätigkeit sind die deutschen Fabriken abhängig von dem Zwischenhandel oder einzelnen Grossbetrieben, welche ihr Fabrikat als Rohproduct kaufen.

Es kann also nur durch einen festeren Zusammenschluss der Einzelbetriebe, oder durch die Vereinigung einer Reihe benachbarter Kartoffelproducenten zu einem gemeinsamen Fabrikunternehmen die Verbilligung der Fabrikationsunkosten und die Einschränkung der Transportkosten auf ein Geringes, sowie die Möglichkeit besseren Vertriebes der Producte angestrebt werden.

Es geschieht das nun seit einigen Jahren bereits in aller Stille.

Einmal haben sich eine Anzahl Fabrikanten feuchter Stärke in Pommern zu einer Genossenschaft vereinigt, haben die Kartoffelmehl- und Syrupsfabrik Alt-Damm gebaut, an welche sie ihre feuchte Stärke liefern, und haben sich so auf eigene Füsse gestellt. Andererseits entstehen an vielen Stellen Genossenschafts-Stärkefabriken. Dieselben verarbeiten die Kartoffeln der Genossen, die Transportkosten für dieselben fallen fort und erst das fertige Product, d. h. etwa 20% des Rohmaterials kommt zur Verfrachtung. Bezahlt die Genossenschaft den gleichen Preis, den der Kartoffelbauende von einer industriellen Stärke- oder Syrupfabrik für die Kartoffeln erhalten würde, so erspart sie jener gegenüber die Transportkosten für die Kartoffeln und kann daher billiger produciren. Ist die Genossenschaftsfabrik gross genug, so kann sie bei guter Leitung ein den besten Marken ebenbürtiges Fabrikat liefern und arbeitet mit den Vortheilen der Grossfabrik hinsichtlich der Arbeits-Unkosten. Sie kann auch, da sie auf dem Lande gelegen ist, die Abfälle, Pülpe und Fruchtwasser, günstig verwerthen, während die in grossen Städten liegenden industriellen Fabriken dieselben ganz oder theilweise fortlaufen lassen müssen. Durch den Zusammenschluss Mehrerer ist sie auch kapitalskräftiger als der Einzelne, welcher sich zur Verarbeitung seiner Kartoffelproduction eine eigene kleine Fabrik anlegt.

Indessen reicht auch bei diesen Betrieben, da sie eine gewisse Grösse nicht überschreiten können, wenn sie nicht zum Transport der Kartoffeln aus weiterem Umkreise kommen wollen, die Kapitalskraft und die Leitung nicht hin, um mit den Consumenten direkt zu verkehren, d. h. sich eigene Agenten zu halten, neue Absatzgebiete im In- oder Auslande aufzusuchen und zu erschliessen oder das Produkt bis zu günstigen Verkaufsbedingungen zurückzuhalten.

Diese Vortheile, welche die amerikanische Industrie durch ihre Concentration besitzt, kann die deutsche Industrie nur erlangen, wenn wiederum die einzelnen im Lande zerstreut liegenden Genossenschafts- und anderen Betriebe sich zu einem gemeinsamen Verband zusammenthun, sei es zu einer grossen Genossenschaft, einer Centralverkaufsstelle oder einer anderen Art der Vereinigung, welche an der Spitze eine tüchtige kaufmännische Leitung hat und eine technische Oberleitung, welche für die Herstellung eines durchaus gleichen Fabrikates der

Verbandsmitglieder und für möglichst rationelle Art der Verarbeitung Sorge zu tragen hat.

Wie ein derartiges Unternehmen zweckmässig anzustreben ist, das zu crörtern ist hier nicht der Platz. Die deutsche Stärkefabrikation muss aber diesen Weg betreten, und zwar bald, wenn sie erfolgreich den Kampf mit der nordamerikanischen und anderen Stärkeindustrien auf dem Auslandsmarkte führen will.